高压电能计量设备

及其整体检验技术

国家电网有限公司技术学院分公司　组编

中国电力出版社
CHINA ELECTRIC POWER PRESS

内 容 提 要

　　本书旨在系统、全面地介绍以高压电能表为代表的若干高压电能计量新设备的基本结构和工作原理，并详细阐述高压电能计量设备检验装置的通用检验原理、操作步骤等相关知识，以使相关人员学过本书后，能够熟练操作包括高压电能表在内的高压电能计量新设备，以及对 10 kV 高压电能计量设备进行检验时所用高压电能计量设备检验装置。

　　全书共分四章：第一章为高压电能计量技术及设备概述；第二章介绍高压电能计量新技术及设备的基础知识，包括电子式互感器、高压组合传感器、高压电能计量设备、传感器式高压电能表、高压电能表的其他种类举例、具有电能计量功能的智能型高压电器开关设备及智能型变压器；第三章介绍高压电能计量设备的检验；第四章介绍传感器式高压电能表的现场安装与检验故障案例分析。附录介绍了利用高压电能计量设备检验装置对传统高压电能计量设备进行检验。

　　本书可作为高压电能计量专业从业人员的培训教材，也可供高等院校相关专业的师生学习参考。

图书在版编目（CIP）数据

　　高压电能计量设备及其整体检验技术 / 国家电网有限公司技术学院分公司组编 . —北京：中国电力出版社，2021.3
　　ISBN 978-7-5198-5249-8

　　Ⅰ.①高... Ⅱ.①国... Ⅲ.①高压电气设备—电能计量—质量检验 Ⅳ.① TM7

　　中国版本图书馆 CIP 数据核字（2020）第 267278 号

出版发行：中国电力出版社
地　　址：北京市东城区北京站西街 19 号（邮政编码 100005）
网　　址：http://www.cepp.sgcc.com.cn
责任编辑：邓　春　刘　薇（010-63412787）
责任校对：黄　蓓　朱丽芳
装帧设计：郝晓燕
责任印制：石　雷

印　　刷：河北华商印刷有限公司
版　　次：2021 年 3 月第一版
印　　次：2021 年 3 月北京第一次印刷
开　　本：710 毫米 ×1000 毫米　16 开本
印　　张：10
字　　数：171 千字
印　　数：0001—1000 册
定　　价：48.00 元

《高压电能计量设备及其整体检验技术》
编　委　会

前　言

随着智能电网建设的不断深入，多种分布式能源接入供电系统，环网线路的构建，以及营销、配电与调度一体化管理模式的实施，使传统高压电能计量设备暴露出难以满足电网发展现实需求的诸多弱点。为解决相关问题，我国电工仪器仪表行业的多家企业和科研院所陆续研制出多种新型高压电能计量设备，并研发出高压电能计量整体溯源技术，推动了高压电能计量技术的革新与进步。

为了满足智能电网的发展对高压电能计量提出的更严格的要求，高压电能计量设备及其检验装置已有了长足的进步，但是目前为止并未有文献系统地进行总结，本书是高压电能计量领域第一本系统地、全面地介绍高压电能计量技术及设备、高压电能计量设备检验装置的书籍。本书对处于各个发展阶段的高压电能计量设备及其检验装置的工作原理和优缺点均进行了详细阐述，并特别介绍了新型高压电能计量设备检验装置的操作方法与案例，读者根据本书内容即可完成使用新型高压电能计量设备检验装置对高压电能计量设备进行检验的操作，并对常见操作问题也会有一定的了解。

全书共分为四章：第一章详细阐述传统高压电能计量设备的结构、工作原理、误差来源以及存在的主要问题。第二章对配电网中出现的多种替代传统电磁式电流互感器、电压互感器的非传统互感器（传感器）与计量模块相结合组成的新型高压电能计量设备进行了介绍，同时对由高压电能计量设备与高压电气开关或变压器通过一体化设计所构成的智能型高压电气开关设备或智能型变压器等的基本结构和工作原理进行了介绍。第三章主要以10kV高压电能计量设备的检验为例，论述并介绍高压电能计量设备检验装置的工作原理、操作流程及检验故障案例等。第四章详细讲解了如何对传感器式高压电能表进行现场安装；并根据传感器式高压电能表在检验过程中比较常见的两个故障操作案例，说明如何利用高压电能计量设备检验装置对被检高压电能计量设备的错误接线等操作进行检错、纠错，以保证检验试验能够顺利进行。

本书第一、二章由秦晋、张国静、赵东芳、王金亮、荣潇编写，第三章由荣潇、徐家恒、周博曦、李景华编写，第四章由丁淑洁、刘超男、范友鹏、张刚、杨君编写。

本书在编写过程中，得到博士生导师、清华大学教授赵伟，教授级高级工程师、山东计保电气有限公司董事长荣博的悉心指导；山东计保电气有限公司为本书的撰写提供了良好的试验条件及环境；中国电力出版社邓春和刘薇编辑给予了大力的支持和帮助。在此一并表示诚挚的谢意！

由于编者自身认识存在局限性，加之编写时间较短，本书中难免存在疏漏之处，恳请读者不吝赐教。

编　者

2020 年 12 月

目　录

第一章 概 述

第一节 高压电能计量技术概述

加强能源领域技术创新，突破节能减排关键技术瓶颈，实现绿水蓝天的发展目标，已成为我国科技创新的战略重点之一。高压电能计量领域的技术进步，是实现上述目标不可或缺的重要环节。

一、高压电能计量技术简介

供电系统的高压电能计量技术大体可分为两类："高供低计"（高电压侧供电、低电压侧计量电能）和"高供高计"（高电压侧供电、高电压侧计量电能）。采用"高供低计"方式计量电能，电能计量设备安装在供电变压器的低电压侧，在给电力用户（简称用户）的供电电压即所谓低压下进行电能计量，其特点是供电变压器的电能损耗并未包含在电能计量数据内。而如果采用"高供高计"方式进行电能计量，高压电能计量设备要安装在供电变压器的高电压侧，实行的是高电位下的电能计量，如此，供电变压器的电能损耗便已包含在高压电能计量设备计得的电能数据之内。

一般来讲，虽然"高供低计"方式相比"高供高计"方式的经济性好，但"高供低计"方式下，不法用户在供电变压器低电压侧窃电的现象严重，用户的增容以及对高压电能计量设备的维护等也不够便利。所以实际应用中，"高供高计"方式仍占主流。

二、传统高压电能计量设备的结构及其电能计量原理

目前，我国的配电网中大量使用高压电能计量箱（柜）等传统高压电能计量设备（以往文献中，多称为传统高压电能计量装置，但根据 GB/T 37968—2019《高压电能计量设备检验装置》，本文统一将被检者称为"设备"，将检验者称为

"装置"），以进行电力公司与"高供高计"用户之间的电能量结算。高压电能计量箱（柜）利用多只高压电磁式电流互感器（TA）将大电流转换成小电流（5A或1A量限范围），并采用多只电磁式电压互感器（TV）将高电压转换成低电压（100V或$100/\sqrt{3}$V量限范围），然后再将小电流和低电压信号接入电能表，电能表的电流输入回路装有锰铜分流电阻，用于将小电流信号再做分流，得到毫安级或微安级微弱电流信号后，才将其输入到电能计量单元；而输入到电能表的低电压信号，也要再经过分压得到毫伏级的微弱电压信号后，才输入到电能计量单元。电能计量单元对微弱电流和微弱电压信号进行计算，得到电能量。该电能计量方案应用于三相三线制供电方式的原理接线，如图 1-1 所示。

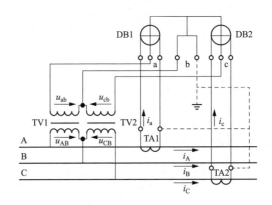

图 1-1   三相三线制供电方式下传统的电能计量原理接线

注：DB1、DB2 为电能表输入线圈。

图 1-1 所示为三相三线制供电方式下所使用的高压电能计量方法——"两功率表法"。我国的配电网，通常采用三相三线制中性点不接地的接线方式，所以普遍采用"两功率表法"来计量电能。

"两功率表法"的基本原理是：假设被分析的三相三线制系统处在稳态，其中三相负荷可以用线性时不变的 RLC（电阻、电感、电容）元件来表征，电压、电流是同频率的理想正弦信号（本文在阐述功率或电能量的计算公式时，均默认此假设成立），于是，根据相量形式的基尔霍夫电流定律，有：

$$\dot{I}_A + \dot{I}_B + \dot{I}_C = 0 \qquad (1-1)$$

式中，$\dot{I}_A$、$\dot{I}_B$、$\dot{I}_C$ 分别是流过高电压导线（即电磁式电压互感器一次侧）的 A 相、B 相、C 相的线电流相量。根据复功率的定义，在高压电能计量点处测得的流过高电压导线的复功率 $\bar{S}$ 为：

$$
\begin{aligned}
\bar{S} &= \dot{U}_A \dot{I}_A^* + \dot{U}_B \dot{I}_B^* + \dot{U}_C \dot{I}_C^* \\
&= (\dot{U}_A - \dot{U}_B)\dot{I}_A^* + (\dot{I}_A^* + \dot{I}_B^* + \dot{I}_C^*)\dot{U}_B + (\dot{U}_C - \dot{U}_B)\dot{I}_C^* \\
&= \dot{U}_{AB}\dot{I}_A^* + \dot{U}_{CB}\dot{I}_C^* \\
&= (\dot{U}_{ab}\dot{I}_a^* + \dot{U}_{cb}\dot{I}_c^*) \times 电流互感器的倍率 \times 电压互感器的倍率
\end{aligned}
\tag{1-2}
$$

式中：$\dot{U}_A$、$\dot{U}_B$、$\dot{U}_C$ 分别为电磁式电压互感器一次侧 A 相、B 相、C 相的电压相量；$\dot{U}_{AB}$、$\dot{U}_{CB}$ 分别为电磁式电压互感器一次侧 A 相与 B 相、C 相与 B 相间的线电压相量；$\dot{U}_{ab}$、$\dot{U}_{cb}$ 分别为电磁式电压互感器二次侧 a 相与 b 相、c 相与 b 相间的线电压相量；$\dot{I}_a$、$\dot{I}_c$ 分别为电磁式电流互感器二次侧 a 相、c 相的线电流相量；右上角的符号"$*$"表示相量的共轭。由式（1-2）可知，在高压电能计量点测得有功功率 P 为：

$$
\begin{aligned}
P = (U_{ab}I_a\cos\theta_1 + U_{cb}I_c\cos\theta_2) \\
\times 电流互感器的倍率 \times 电压互感器的倍率
\end{aligned}
\tag{1-3}
$$

式中：U_{ab}、U_{cb} 分别为电磁式电压互感器二次侧 a 相与 b 相、c 相与 b 相间的线电压有效值；I_a、I_c 分别为电磁式电流互感器二次侧 a 相、c 相的线电流有效值；θ_1、θ_2 分别表示 $\dot{U}_{ab}$ 与 $\dot{I}_a$、$\dot{U}_{cb}$ 与 $\dot{I}_c$ 之间的相位差。因此，在三相三线制配电系统中，采用"两功率表法"计量高压电能量 W（单位：kWh）的表达式为：

$$
\begin{aligned}
W = P \times \Delta t / 1000 = (U_{ab}I_a\cos\theta_1 + U_{cb}I_c\cos\theta_2) \\
\times 电流互感器的倍率 \times 电压互感器的倍率 \times \Delta t / 1000
\end{aligned}
\tag{1-4}
$$

式中：Δt 为计量电能的相应时间长度。

因为式（1-3）所示的有功功率表达式与式（1-4）所示高压电能量的表达式使用的是线电压、线电流，因此在三相三线制接线方式下，式（1-3）和式（1-4）既可以应用于星形接线的负荷，也适合于三角形接线的负荷，而且并不要求负荷严格对称。

三、传统高压电能计量设备的误差

由前述已知，传统高压电能计量设备由电磁式电流互感器、电磁式电压互感器、电能表以及二次回路导线等构成。为方便在传统高压电能计量设备的设计阶段，就能选取合适准确度等级的电磁式互感器和电能表，并解决传统高压电能计量设备误差的评估问题，确立了综合误差的概念。即，传统高压电能计量设备的综合误差 γ，是由电磁式电流互感器、电压互感器的标称误差（对应于准确度等级）经计算得到的电磁式互感器合成误差、电能表标称误差，以及电磁式电压互感器二次回路压降误差（行业通行做法，是根据二次回路导线的截面积、长度等确定一个约定值）的代数和，它是一个理论值。

而为了确定运行中的传统高压电能计量设备的实际综合误差是否满足之前设计的准确度要求，则是采用分项检验的方法进行评定的，即分别利用标准互感器、标准电能表等，去检验电磁式电压互感器和电流互感器、电能表，以及电磁式电压互感器二次回路电压降的误差，只有确认它们的误差分别满足各自的误差限值后，才认为该传统高压电能计量设备的综合误差不超标；而一旦有任何一个分项误差超出其误差标称值，即认为该传统高压电能计量设备的综合误差已经超标。

但这种各分项误差合格就认为实际综合误差也合格的做法受到质疑，因为各分项误差仅能反映各分立功能单元的计量性能，无法准确衡量整个高压电能计量设备的计量误差；况且，实际安装高压电能计量设备的过程中，难以按照规定的参数准确进行阻抗匹配，很容易导致误差被扩大；组合后的各相关设备之间的匹配通常不尽理想，会造成误差特性曲线变差，致使整个设备的电能计量误差不能被唯一确定，还会导致起动电流大（对起动电流的要求参见国家标准 GB/T 32856—2016《高压电能表通用技术要求》中 8.4.4 的"起动"），低负荷下容易漏计电能量，过负荷时互感器饱和致使错计电能量等现象的发生。所有这些，都是影响高压电能计量公正性的主要因素，也是传统高压电能计量设备计量性能不尽理想的问题所在。由上述分析可知，以综合误差评定高压电能计量设备的计量性能，并不能合理有效地确定其整体误差。

四、传统高压电能计量设备存在的问题

（1）体积大、质量大。对电磁式电流互感器、电压互感器和电能表缺乏统一设计，使得电磁式互感器与电能表的连接、安装均十分不便，造成利用它们组合制成的高压电能计量箱（柜）的体积大、质量大，占用较多的空间资源。

（2）耗材多。每个高压电能计量箱（柜）由多只电磁式电流互感器和电压互感器、电能表、外壳、铜排（多只电磁式互感器之间需要留有安全距离，故需要

利用铜排进行连接）及连接导线等组成。制造电磁式互感器和计量柜所用的材料，主要有硅钢片、铜、钢、变压器油或环氧树脂等，这些材料大都是需要从国外购买的资源型材料。据统计，每个 10kV 电压等级的电能计量点的耗材成本8000～15000 元，高压电能计量箱（柜）的投资成本较高，也容易造成大量能源、材料以及资源的浪费。

（3）耗能高。电磁式电流互感器、电压互感器运行时，其自身会有一定的电能损耗，而且其二次侧带有较大的固定负荷。对三相供电系统而言，现行高压电能计量方式下，每个 10kV 电压等级的电能计量点都装设有 2～3 只电磁式电流互感器、2～3 只电磁式电压互感器；每只电磁式互感器要为几十伏安的负荷供电，并且是 24h 不间断地连续运行。如此，由式（1-3）可以计算出，每个 10kV电压等级的电能计量点，其每年的耗电量就多达 1819～4213kWh，即 1 台高压电能计量设备年自身耗电的费用就高达 1182～2738 元（电费按 0.65 元/kWh 计算）。而全国约有几百万个高压电能计量点，它们损耗的电能量是相当巨大的。

（4）误差特性曲线差且综合误差不能用于标定系统的准确度等级。如上所述，采用综合误差控制高压电能计量设备的准确度，是对电磁式互感器合成误差、电能表误差，以及电磁式电压互感器二次回路压降误差单独进行测试。进行电磁式电流互感器、电压互感器的误差测试试验时，一般不考虑实际负荷，即只施加设计负荷进行测试。但理论研究表明，影响电磁式电流互感器、电压互感器误差的最主要因素就是实际负荷。因此，实验室条件下检验合格的电磁式电流互感器和电压互感器，并不能保证其在实际电能计量系统应用中仍然满足准确性要求，甚至可能明显偏离电能计量的准确性要求。例如，电磁式电压互感器的二次回路也可能随技术发展和新产品出现而进行改造，使得其实际二次负荷的变化增大。如此，在高压电能计量设备的一个检验周期内，对因电磁式电压互感器二次回路实际负荷发生变化而带来的误差，其实是无法控制的。因此，依据测算得到的高压电能计量设备的综合误差，并不能用于标定整个高压电能计量设备的测量准确度等级，这也就意味着，依据高压电能计量设备的综合误差，并不能有效控制由高压电能计量设备所造成的电能量损失。

（5）事故多发，可靠性有待提高。传统高压电能计量设备中的电磁式电流互感器，将一次侧大电流信号变换为小电流信号后，送入电能表；而在电能表内部，还需要对小电流信号再做进一步的处理，才能送至电能计量芯片。在电能表中，可采用电流互感器或分流电路对小电流信号进行处理，但在实际应用中，这两种方案都存在不足和缺陷。采用电磁式电流互感器时，因为电流互感器易饱和，能够精确测量一次电流的量值范围是有限的。而如果通过端子盒内的锰铜电阻对小电流信号进行采样，长期使用后，接触电阻会增大，误差会增加，发热会加剧，严重时会出现"烧表尾"的情况，这也是工程应用中经常遇到的问题。

传统高压电能计量设备中装设有电磁式电压互感器，但是，由于相应电磁式电压互感器中导线的截面积很小，可承载的能量不大，极易受到雷电冲击、电磁谐振、高次谐波、操作过电压等因素的干扰，导致供电系统中烧断熔断器、烧坏电压互感器的现象时有发生，进而影响供电系统的安全、稳定和经济运行。对利用油做绝缘的电压互感器，随着长时间运行和环境的变化，可能会出现因漏油或油质变差造成绝缘能力下降，也可能引起电压互感器击穿，进而引发安全事故。统计结果表明，电磁式电压互感器是供电系统的电气设备中安全性较弱的功能单元；配电网发生的事故当中，大多因电磁式电压互感器存在的缺陷引起。

另外，开展实际电能计量工作过程中的人为失误，也会影响到高压电能计量设备运行的正确性和可靠性，例如，互感器铭牌标识存在错误；而且按相关规程规定，互感器的检验周期为 2 年，所以，铭牌标识错误这种问题难以被及时发现。又如，误将计量用电流互感器接入了保护回路，而将保护用电流互感器接入了计量回路，如此，既无法保证电能计量的准确性，还可能导致保护拒动或误动的安全事故。保护用与计量用电流互感器的误接线、极性接反等现象，在供电系统中并不少见，也是致使高压电能计量设备准确性和可靠性降低的一类重要因素。

（6）难以解决窃电问题。窃电是目前供电系统所谓的线损居高不下的一个主要原因，也是长期困扰供电管理部门的一个棘手问题。据调查，我国每年的线损电能量中，有 50％源于不法用户的窃电。容易通过传统高压电能计量设备进行窃电的主要原因是：电能计量回路处于低电压状态，电能计量回路外部的连接导线多，外露节点多，不法用户很容易在电能计量回路上非法操作，造成电能量的流失。而且，由于在低电压下窃电相对安全，所以窃电屡禁不止，窃电手法越来越多，窃电行为也越来越隐蔽。为了防止窃电，需要另外投资，以增加防窃电设施和管理人员等。但是，仍然存在窃电现象发现难、追溯被窃电能量缺乏依据等问题。从技术层面解决窃电问题，无疑是供电管理部门和电力设备制造企业的长期努力目标。

（7）管理不便。用传统高压电能计量设备测得的电能量不能直读，需要再乘以电磁式电流互感器和电磁式电压互感器的倍率，这无疑给供用电管理工作带来不便。而且，传统高压电能计量方式已跟不上基于计算机实现管理的配电自动化的需要，不利于现代新型传感技术的使用。

基于上述分析可见，十分需要发展能够实现高压电能整体计量功能的新型高压电能计量设备，以切实提高高压电能计量工作的管理水平。

五、新型高压电能计量技术的发展背景

全社会和各行业的科学发展，都要求社会各界增强创新意识，以及树立计量器具必须具备公正性、量值统一性的意识。所有这些，都为推进更科学合理的高压电能计量新技术的研发，以及相关标准的制定等奠定了基础。近年来，新型的高压电流、电压测量方法和测量设备不断涌现，有力地推动了高压电能计量设备新产品的研发和制造，多种新型高压电能计量设备陆续研制出来。

我国电工仪器仪表行业归口单位即哈尔滨电工仪器仪表研究所，于 2007 年 9 月在山东省淄博市组织召开了由淄博计保互感器研究所承办的全国高压电能表及溯源技术研讨会。该会议的召开，推动了高压电能表及溯源技术的进一步发展和推广应用。目前，已有的与高压电能计量设备及检验技术相关的国家标准和电力行业标准，主要包括 GB/T 20840.8—2007《互感器　第 8 部分：电子式电流互感器》、GB/T 20840.7—2007《互感器　第 7 部分：电子式电压互感器》、GB/T 17215.303—2013《交流电测量设备　特殊要求　第 3 部分：数字化电能表》、GB/T 17215.304—2017《交流电测量设备　特殊要求　第 4 部分：经电子互感器接入的静止式电能表》、DL/T 1155—2012《非传统互感器技术条件》、GB/T 32856—2016《高压电能表通用技术要求》、GB/T 37968—2019《高压电能计量设备检验装置》。这些国家标准、电力行业标准的发布和实施，为新型高压电能计量设备的研发、生产以及性能检验的规范化提供了强有力支撑。

国家电网有限公司 2020 年重点工作任务文件中详细规划了 2020 年公司涉及的电力物联网、综合能源服务、线损等全面改革的十大类 31 项具体工作内容。电力物联网与智能电网相辅相成、融合发展，基于此构建工业级综合能源物联网是现代电力系统的发展趋势。此外，目前电力系统线损居高不下也是长期困扰供电管理部门的一个棘手问题。加强线损管理，降低技术线损和管理线损，提升电网经济运行水平也是当前国家电网有限公司重点开展的任务之一。

本书介绍的各类有关高压电能计量的技术，就是将有关一次本体设备、高准

确度传感器与二次终端设备实现一体化、小型化的技术，如此可使得高压电能计量设备整体安装在高电压侧，有助于提高线损管理水平，推动电力物联网建设与发展。

第二节　发展高压电能计量新技术的目的与意义

高压电能计量设备是联结发电、供电、用电三方的必要设备，除了用于发出和消耗电能量的贸易结算外，还为电力系统的保护、调度、生产与营销管理等提供测量、控制、计量等方面的数据信息支撑，是建设智能电网高级测量体系（advanced metering infrastructure，AMI）的关键设备之一。国家科技部 2008 年下达的"十一五"国家科技支撑计划重点项目中，明确将"高压电能计量标准及量值溯源技术的研究"列为《节能减排若干能源计量标准关键技术研究》的子课题之一，即表明，构建以高压电能计量设备为基础的高压电能计量标准及量值溯源技术，是一项具有重大现实意义的研究课题和应完成的重点任务。

近几年，国内又陆续有多家企业进行高压电能计量设备检验装置的研制。2012 年，山东计保电气有限公司研发的传感器式高压电能表、高压电能计量标准装置通过了鉴定，结论为"国际首创、国际先进"，初步建立起高压电能计量溯源体系。2014 年，高压电能计量设备检验装置列入国家标准化管理委员会下达的第二批国家标准制修订计划，2017 年列入山东省重点研发计划，2020 年 3 月国家标准 GB/T 37968—2019《高压电能计量设备检验装置》已经颁布实施。至此，高压电能计量的整体溯源体系在我国已建立，并将很快实行。

传统高压电能计量设备，存在耗材多、耗能高、误差特性曲线差且误差不能唯一确定、无法杜绝窃电现象、安全性差、安装复杂、维护费用高、管理不便等诸多缺陷和不足。为了解决上述问题，行业专家研制出了以电子式互感器、高压传感器等为代表的非传统互感器，以及新型电能表等，其整体技术进步趋势是使相关电气设备向着小型化、智能化、高可靠性等方向发展。

虽然各种非传统互感器以及新型电能表技术能够克服传统高压电能计量设备的某些缺陷，或部分解决上述缺陷和问题，但由于非传统互感器与电能表是分别独立制造、分开独立检验的，因此由它们组合构成的高压电能计量设备，还明显存在着各功能模块互不匹配和整体误差无法准确获取等问题，进而阻碍了由非传统互感器与电能表等组合而成的高压电能计量设备在实际工程中的应用。

　　为解决传统高压电能计量设备和上述由非传统互感器与电能表所组成的高压电能计量设备的种种问题，需要发展一体化的高压电能计量技术，并构建高压电能计量整体溯源体系。为此，行业专家及企业从业人员提出了不同的实现方式，例如采用组合式互感器的三相三线制高压电能表、10kV 柱上型高压电能表和传感器式高压电能表等。其中，山东计保电气有限公司通过重新设计电流、电压转换回路，并对高压电能表的各工作模块进行统一布局后研制的传感器式高压电能表，解决了非传统互感器与电能表之间的互不匹配问题。此外，该公司还研发了 10kV 高压电能计量标准装置。它将电流转换回路、电压转换回路、电能计量单元以及连接导线等影响高压电能计量误差的各主要因素全部计及在内，可以得到被测高压电能计量设备的整体误差，即可实现对高压电能计量设备误差的整体测量。进一步地，基于高压电能计量设备的一体化设计思想和高压电能计量整体溯源技术，也可促进其他多种高电压设备的改进或创新。

第二章　高压电能计量新技术及设备的基础知识

第一节　电子式互感器

本章前两节主要阐述各类高压电能计量新技术的基础知识。本节阐述电子式电流互感器和电子式电压互感器的基本原理、数学模型以及其输入输出关系等内容，旨在通过原理分析、公式推导和图解示意，详细说明几种典型的电子式电流互感器和电子式电压互感器的工作原理、基本结构和主要功能。

一、电子式互感器简介

1. 电子式互感器的基本原理、基本结构和功能

所谓电子式互感器，是将大电流信号转换为小电流信号，把高电压信号转换为低电压信号，且同时可将高电压电路与低电压电路的直接电联系切断的装置。电子式互感器可具体分为电子式电流互感器和电子式电压互感器两大类。

电子式电流互感器主要由一次电流传感器、一次转换器、传输系统以及二次转换器等构成。其中，一次电流传感器负责将大电流信号转换为小电流信号；一次转换器用于将小电流信号转换为光信号；传输系统负责完成一次、二次两转换器之间光信号的通信传输；二次转换器实现从光信号中恢复出小电流信号。电子式电流互感器专用于提供、输出正比于被测大电流的小电流，以供给测量、计量仪器仪表或微机式保护装置等使用。图 2-1 给出的是单相电子式电流互感器的原理构成框图，以及它对外可提供的相关电学量。

电子式电压互感器主要由一次电压传感器、一次转换器、传输系统以及二次转换器等构成。其中，一次电压传感器负责将高电压信号转换为低电压信号；一次转换器用于将低电压信号转换为光信号；传输系统完成一次、二次两转换器之间光信号的通信传输；二次转换器负责从光信号中恢复出低电压信号。电子式电压互感器专用于提供、输出正比于被测高电压的低电压，以供给测量、计量仪器

仪表或微机式保护控制装置使用。图 2-2 给出的是单相电子式电压互感器的原理构成框图，以及它对外可提供的相关电学量。

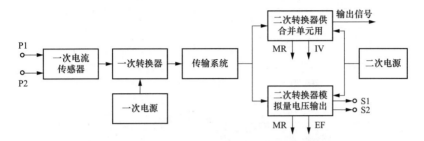

图 2-1 单相电子式电流互感器的原理构成框图

注：符号 IV 表示"输出无效"；EF 表示"设备故障"；MR 表示"维修申请"；

P1 和 P2 表示一次侧输入端子；S1 和 S2 表示二次侧模拟量的输出端子。

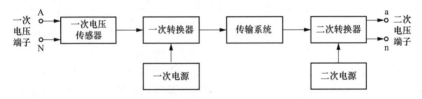

图 2-2 单相电子式电压互感器的原理构成框图

图 2-3 给出的是三相四线制电子式电压互感器的原理构成框图。可见，每相线路均需配备一只电压传感器，由一次转换器将低电压信号转换为光信号后，经传输系统送至二次转换器；二次转换器负责从光信号中恢复出低电压信号，再供给测量、计量仪器仪表或微机式保护装置使用。

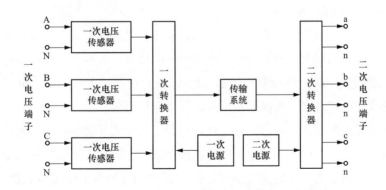

图 2-3 三相四线制电子式电压互感器的原理构成框图

在图 2-1 至图 2-3 中，二次转换器的输出均为模拟量。若采用数字量形式的输出信号，则需要加装模数转换接口，其具体结构如图 2-4 所示。

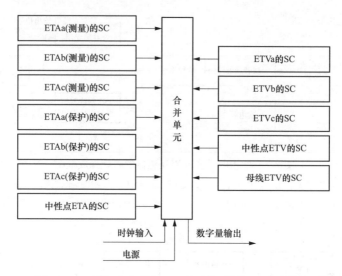

图 2-4　电子式互感器中的二次转换器与模数转换接口

注：ETAa、ETAb、ETAc 的 SC，分别表示电子式电流互感器 a 相、b 相和 c 相的二次转换器；
　　ETVa、ETVb、ETVc 的 SC，分别表示电子式电压互感器 a 相、b 相和 c 相的二次转换器。

图 2-4 中所示的合并单元，汇集着（合并）多达 12 个二次转换器的数据通道，其中，每一个数据通道负责传送一只电子式电流互感器或一只电子式电压互感器采样测量值的数据流；合并单元对后一级的二次设备提供一组时间相关的电流和电压样本。此外，合并单元也可以从传统的电磁式电流互感器或电磁式电压互感器获取模拟信号。

2. 电子式互感器的分类

电子式电流互感器主要采用罗戈夫斯基线圈、低功率电流互感器或光学器件等线性地实现从一次大电流信号向小电流信号的转换。而电子式电压互感器则主要采用电阻型分压器、电容型分压器、阻-容型分压器、串联感应型分压器或光学器件等线性地实现对一次高电压信号向低电压信号的转换。

根据是否需要为一次传感器部分提供电源，电子式互感器可分为有源式和无源式共两类。若一次传感器是基于电学原理制成的，那么，一次转换器就要将一次传感器输出的电信号转换为光信号，然后再由光纤传输系统送至二次转换器。由于一次转换器是由电子器件制成的，需要另外的电源供电才可以正常工作，所以此类电子式互感器被称为有源电子式互感器。而如果一次传感器是基于光学原理制成的，即一次传感器可以直接输出光信号，再经由光纤传输系统送至二次转换器，则在这个过程中，由于不再需要一次转换器去实现电信号到光信号的转换，亦即无需另外的供电电源，因而此类电子式互感器又被称作无源电子式互感器。

基于光学原理的无源电子式互感器的优点是没有一次转换器，所以不需要复杂的供电装置，而且无源电子式互感器的整体线性度也比较好。无源电子式互感器的缺点是其基于光学器件而制成的一次传感器的结构和构成比较复杂，且性能不够稳定，容易受到环境因素的干扰，这也成为影响其实用化的主要原因之一。虽然行业专家们为提高无源电子式互感器的测量准确性提出了多种新的改进技术或方法，并都在实验室条件下取得了一定成效，但仍未能彻底解决无源电子式互感器存在的通用性差、装置复杂、性能不够稳定、易受外界因素影响等问题。考虑到实际应用的现状，本书不再更多对无源电子式互感器的工作原理进行阐述，而只介绍几种生产制造工艺已很成熟，性能稳定可靠，并且已得到广泛应用的有源电子式电流互感器和电子式电压互感器。

二、典型的电子式电流互感器介绍

1. 采用罗戈夫斯基线圈作为一次电流传感器的电子式电流互感器

采用罗戈夫斯基线圈作为一次电流传感器的电子式电流互感器的原理框图，如图 2-5 所示。其中，罗戈夫斯基线圈输出的反映被测一次电流 i 的电压信号 u，经过积分变换以及 A/D 转换后，由一次转换器转换为数字量形式的光信号输出；而安装在控制室内的二次转换器和数字信号处理电路，对其进行光电变换及相应的计算处理后，便可输出供给测量、计量仪器仪表或微机式保护装置用的电信号。值得注意的是，根据前文所述，有源电子式互感器的一次转换器、二次转换器分别需要一次电源、二次电源为其供电。但在后文中，为使读者能专注于理解各类电子式互感器的基本工作原理，也为减少文字叙述的重复性，所以在后续的论述中，不再特意标出或叙述一次电源和二次电源模块。

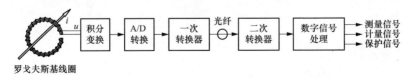

图 2-5　使用罗戈夫斯基线圈的电子式电流互感器的原理框图

  罗戈夫斯基线圈是将细漆包线均匀密绕在非磁性骨架上制成的空心线圈。其中，非磁性骨架的截面形状，可以是环形或其他形状。利用罗戈夫斯基线圈实现电流信号变换的工作原理，如图 2-6 所示。

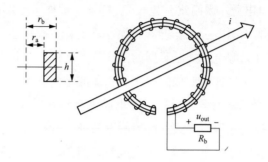

图 2-6 罗戈夫斯基线圈的工作原理

  根据全电流定律，有：

$$\oint H \cdot \mathrm{d}l = i \tag{2-1}$$

考虑到均匀密绕的罗戈夫斯基线圈内的磁场强度 H 可视为均匀分布，则有磁场强度的表达式：

$$H = \frac{i}{2\pi r} \tag{2-2}$$

所以磁通密度 B 为：

$$B = \mu_0 H = \frac{\mu_0 i}{2\pi r} \tag{2-3}$$

由此可知，穿过一匝线圈的磁通 ϕ 为：

$$\phi = \oint B \cdot \mathrm{d}S = \oint \frac{\mu_0 i}{2\pi r} \mathrm{d}S = \int_{r_a}^{r_b} \frac{\mu_0 i}{2\pi r} h \, \mathrm{d}r = \frac{\mu_0 i}{2\pi} h \ln \frac{r_b}{r_a} \tag{2-4}$$

又已知磁链 ψ 为：

$$\psi = N\phi \tag{2-5}$$

再依据电磁感应定律：

$$e = -\frac{\mathrm{d}\psi}{\mathrm{d}t} \tag{2-6}$$

所以感应电动势 e 为：

$$e = -\frac{\mathrm{d}\psi}{\mathrm{d}t} = -\frac{\mu_0 Nh}{2\pi} \ln \frac{r_b}{r_a} \cdot \frac{\mathrm{d}i}{\mathrm{d}t} \tag{2-7}$$

式中：i 为导体中流过的瞬时电流，A；r 为罗戈夫斯基线圈骨架的半径，m；r_a 为线圈骨架的内半径，m；r_b 为线圈骨架的外半径，m；h 为线圈骨架的高度，m；μ_0 为真空磁导率，其量值为 $4\pi \times 10^{-7} \mathrm{H/m}$；$N$ 为线圈的匝数。

因为线圈的互感 M 可按下式计算，即：

$$M = \mu_0 \frac{Nh}{2\pi} \ln \frac{r_b}{r_a} \tag{2-8}$$

所以，在罗戈夫斯基线圈上得到的感应电动势 e 便为：

$$e = -M \frac{\mathrm{d}i}{\mathrm{d}t} \tag{2-9}$$

罗戈夫斯基线圈与传统电磁式电流互感器都是依据电磁感应原理工作的。不同的是，传统电磁式电流互感器输出的是与一次电流同相位的电流信号；而由式（2-9）可知，罗戈夫斯基线圈输出的，则是与一次电流相位相差 $90°$ 的模拟电压信号，所以需要对感应电动势 e 进行积分，才能得到与一次电流同相位的信号。

罗戈夫斯基线圈的优点为：①变换的精度高，通常能达到的精度范围是 $1\%\sim3\%$ 通过精心的设计可将精度提高到 0.1%；②响应时间短，采用带屏蔽的罗戈夫斯基线圈的响应时间，可以达到 10ns 量级，远小于测量、计量仪器仪表或微机式保护装置的时延限制；③测量范围宽（可从几安到几千安）、响应频带宽、线性度高，由于不用铁芯，不存在磁饱和现象，可同时具有测量和继电保护功能，适合作为冲击电流传感器，以及与电子式（低压）电能表配套使用的电流传感器及过电流保护传感器；④结构简单，体积小，质量轻，绝缘可靠，无防爆要求，安全性能高；⑤易于变换成数字量输出，即便于实现输出信号的数字化、微机化和网络化测量或监控。

罗戈夫斯基线圈的缺点是：①线圈通常缠绕有多层，故在人工绕制过程中，难以保证线圈均匀密绕在非磁性骨架上，因此会引入额外误差；②非磁性骨架材料的温度特性对线圈输出的准确性有很大影响；③不宜在低频段使用；④需要增加积分功能单元，才能得到与原信号同相位的输出信号，即与其他一次电流传感器相比，基于罗戈夫斯基线圈的电子式电流互感器的原理和制造略为复杂。

2. 低功率电流互感器

所谓低功率电流互感器（low power current transformer，LPCT），实际上是一种具有低功率输出特性的电磁式电流互感器。低功率电流互感器在一次侧将由铁芯线圈获取到的模拟信号就地进行 A/D 转换，并将变换得到的数字信号由一次转换器再转换为光信号；互感器本体提供标准的光通信接口，光信号通过该接口，再由光纤传输至控制室的二次转换器，因为采用光纤作为高低电压侧信号通信传输的通道，所以在很大程度上降低了对绝缘的需求；在控制室内，二次转换器负责将光信号恢复为数字化的电信号，然后低电压侧数字信号处理单元按照测量、计量仪器仪表或微机式保护装置的要求，将数字化的电信号进行分离，然后分别提供给测量通道、计量通道和保护通道的输出接口。低功率电流互感器的原理框图如图 2-7 所示。

图 2-7　低功率电流互感器的原理框图

铁芯线圈的原理结构示意如图 2-8 所示，铁芯线圈可输出与一次侧电流成正比的电压信号，实现这一变换的数学表达式为：

$$U_s = R_{sh} \frac{N_p}{N_s} I_p \qquad (2\text{-}10)$$

式中：U_s 为铁芯线圈输出的电压；R_{sh} 为采样电阻；N_p 为一次绕组的匝数；N_s 为二次绕组的匝数；I_p 为一次侧的被测电流。

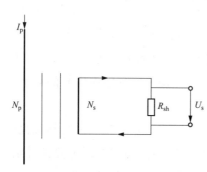

图 2-8　铁芯线圈的原理结构示意

低功率电流互感器具有输出灵敏度高、测量准确度高、线性范围广、技术成熟、性能稳定、易于大批量生产等特点；由于铁芯线圈的输出一般是直接提供给由电子器件制成的功能电路，而电子电路的优势之一是功耗较低，所以基于铁芯线圈的电子式电流互感器得名"低功率"电流互感器；因为铁芯线圈一般采用微晶合金等高导磁性材料制作，所以低功率电流互感器在较小的铁芯截面（铁芯尺寸）下，就能够实现较高的准确度，并且满足相关要求。此外，低功率电流互感器还能实现对较大范围动态电流的测量。

三、几种典型的电子式电压互感器介绍

基于分压原理的电子式电压互感器的原理框图，如图 2-9 所示。其中，分压

器有电阻型分压器、电容型分压器、阻-容型分压器和串联感应型分压器等不同实现方案。基于分压原理的电子式电压互感器的信号传输过程为：被测的高电压信号由分压器从电网中取出，经信号预处理、A/D 转换以及一次转换器的转换，以数字化光信号形式传送至控制室，由控制室的二次转换器以及数字信号处理电路单元对其进行光电变换和相应的处理，随后，便可以输出供测量、计量仪器仪表或微机式保护装置使用的电信号。

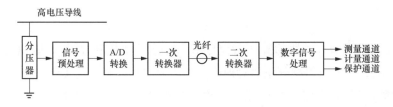

图 2-9 采用分压原理的电子式电压互感器原理框图

1. 基于电阻分压原理的电子式电压互感器

采用电阻型分压器的电子式电压互感器原理框图如图 2-10 所示。其中的电阻型分压器由多个电阻器串联组合而成，一次侧的被测高电压 $\dot{U}_1$，按电阻器阻值的大小分配到每个电阻器上；$\dot{U}_2$ 表示电阻型分压器的输出电压，其额定值一般在 1～4V 之间。基于电阻分压原理的电子式电压互感器的分压比 $K=\dot{U}_1/\dot{U}_2=(R_1+R_2)/R_2$，即由高压臂电阻 R_1 和低压臂电阻 R_2 共同决定。

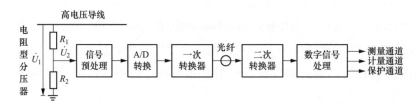

图 2-10 采用电阻型分压器的电子式电压互感器原理框图

在具体制造上，电阻型分压器通常使用金属膜电阻器，有的也使用线绕电阻器。一般金属膜电阻器的电阻温度系数在 0.1%/℃ 量级；而精密电阻型分压器则一般要使用低温度系数的精密电阻器。常用的制作电阻器的材料有康铜丝、锰铜丝和卡玛丝，其温度系数均在 $10^{-6}\sim10^{-5}$/℃ 量级，并且有正有负。对金属膜电阻器进行精心配对后，所制成的电阻型分压器的分压比，理论上可以做到是零温度系数的。考虑到环境温度变化和运行时的发热会影响电阻型分压器的分压准确度，故流过电阻型分压器的电流一般被控制在 1mA 以下，甚至小到 0.1mA，如此，电阻型分压器的准确度一般为 0.1～1 级。

利用电阻型分压器获取交流电压信号时，不但要求其分压比要足够准确，且对其相位误差也有具体要求。交流电阻型分压器的相位误差，是由电阻器本体与周围物体之间的分布电容引起的；底部接地的电阻型分压器的时间常数 T_1 表示为：

$$T_1 = RC/(6 \sim 8) \tag{2-11}$$

式中：R 为电阻型分压器的高压臂电阻 R_1 和低压臂电阻 R_2 的电阻值之和，即 $R=R_1+R_2$；C 为电阻型分压器对地的分布电容量值，通常为皮法量级。

由前述已知，电阻型分压器的工作电流较小，与剩余电流的数量级相差不大，所以，由剩余电流流经分布电容所引起的相位误差不容忽视。下面通过一则算例进行说明：已知 10kV 电压等级的电阻型分压器的工作电流为 0.2mA，其分布电容的容值为 1pF，剩余电流为 3 μA，在此条件下，该电阻型分压器的相位误差可以达到 51.56′。因此，当电阻型分压器用于获取交流电压信号时，一般需要采取电屏蔽措施，或要进行相位补偿。

此外，电阻型分压器的分布电容，还会影响该分压器的暂态响应特性。为减小电阻型分压器本身的能量损耗，降低运行时的发热和环境温度变化对其分压准确度的影响，电阻型分压器的工作电流就要低于某一限值。因此，随着其应用的电压等级越高，各分压电阻器的电阻值就越大，而根据式（2-11）可知，时间常数 T_1 也会增大，这就意味着电阻型分压器的暂态响应特性会变差，这也正是电阻型分压器不适用于更高电压等级电网的一个主要原因。经验表明，用于中压电网的电阻型分压器的暂态响应特性一般都足够好，但当其应用的电压等级越高时，其暂态响应特性就会越差。

在电网中使用电阻型分压器，还要经受冲击耐压和局部放电的考验。这对于电阻型分压器而言，就意味着需要增加表面爬距和弧闪距离，并同时应增大电阻器本体的曲率半径，以降低其表面的电场强度。但若采用这些措施，将使电阻型分压器的几何尺寸增大。由于存在分布电容，电阻型分压器在冲击电压作用下，沿电阻器本体的电压分布是不均匀的。此外，为了均衡电压，有时还要在电阻型分压器上增加电容器，而这样的措施，又会增加电阻型分压器的制造成本。但是与电磁式电压互感器相比，使用电阻型分压器仍具有价格上的优势。

目前，电阻型分压器主要应用于配电网，如果用于更高电压等级的电网，还需要对电阻型分压器进行特殊的处理和改造，以提高其冲击耐压和局部放电等性能，但这将导致其制造成本大幅增加，性价比会有所降低。

电阻型分压器在结构上存在的弱点是，其电阻器件的电阻膜即使仅发生一处表面放电，都将造成电阻型分压器整体的失准甚至失效，因此，必须有分段过电压保护措施。但即使有分段过电压保护措施，仍不能使电阻型分压器达到与电容型分压器同样的长期稳定性。

2. 基于电容分压原理的电子式电压互感器

采用电容型分压器的电子式电压互感器原理框图如图 2-11 所示。其中的电容型分压器由高压臂电容 C_1 和低压臂电容 C_2 串联组合而成，其分压比 $K=\dot{U}_1/\dot{U}_2=(C_1+C_2)/C_1$。与电阻型分压器不同，电容型分压器只能用于交流电压测量。但是，电容型分压器基本上不消耗有功功率，换句话说，电容型分压器工作时的发热可以被忽略。这就使得电容型分压器可以允许通过比电阻型分压器大得多的工作电流，其抗电磁干扰能力也高于电阻型分压器。因此，电容型分压器在电网中的应用更为普遍。

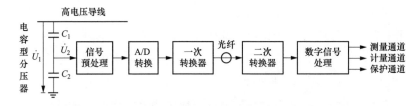

图 2-11　采用电容型分压器的电子式电压互感器原理框图

实用的电容型分压器有两种结构：

（1）一种使用耦合电容器，其中的电容器件一般用油浸膜纸电容或全膜电容工艺制造。在结构上，是在两层铝箔之间夹入电容器纸及聚丙烯膜，可以采用膜纸搭配方式，也可以使用全纸或全膜。这种电容器每只芯子的电容量为 $10\sim100\text{nF}$，其运行电压一般不超过 1kV。为了减少电容器所占用的空间，电容器芯子在由多轴卷芯机卷制好后需要压扁，呈串联叠放、装入绝缘套管中密封，然后抽真空并注油，或充 SF_6 气体。一节分压电容器的额定电压通常不超过 300kV，因此为测量更高等级的高电压，需要串联使用多节电容器。在户外变电站使用的基于电容分压原理的电子式电压互感器，几乎全部都采用耦合电容器制造。

（2）另一种结构，是利用气体绝缘全封闭组合电器（GIS）封闭电流母线构成压缩气体电容器。GIS 中电容型分压器的原理结构如图 2-12 所示。其中，靠近外壁的电容环作为低压电极，而位于中心轴线上的高电压导线作为高压电极。

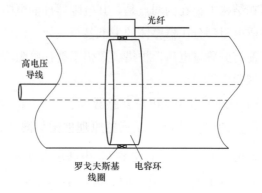

图 2-12　GIS 中电容型分压器的原理结构

20 世纪 70 年代，意大利、英国、德国、法国、瑞典等发达国家就已研制出 GIS 中使用的 400kV 电容式非传统互感器。其中，英国、德国制造的这类互感器采用电压输出，量限值为 5V；法国、瑞典制造的这类互感器则采用电流输出，量限值分别为 0.5mA 和 1mA。

基于电容分压原理的电子式电压互感器与传统电容式电压互感器中分压电容器的结构相同。具体地，传统电容式电压互感器分压输出的电压很高，一般能达到 12～18kV，而基于电容分压原理的电子式电压互感器的输出电压一般只有 5V 量限，负荷接近于零，因此电容量值也选得比传统电容式电压互感器的分压电容器的电容量值要小。例如，德国于 1976 年在 220kV GIS 中安装的电压互感器使用的高压电容器的电容量仅为 800pF。

与电阻型分压器一样，电容型分压器也会形成分布电容，而且，采用耦合电容器的电容型分压器的分压比，更容易受到电容器件分布电容的影响。例如，当电容器绝缘表面的剩余电流没有直接流入接地通道时，就会流入下一节耦合电容器，由此会致使电容型分压器的实际分压比与理论计算值不符；此外，外电场也可能通过分布电容影响电容型分压器的分压比。为了减小分布电容的影响，一方面，要增加主电容器的电容量，以减小分布电容电流相对于工作电容电流的比例；另一方面，可选择合适的安装环境，以减弱电容器件与邻近电气设备之间的电场耦合。与电阻型分压器不同，电容型分压器的暂态响应特性，不会受到它与地电位之间分布电容的影响。这是因为，电容型分压器的分压器件就是电容器，而且其电容量值远大于分布电容的量值。再有，电容型分压器的暂态特性与电压等级的关系也不大，高压、超高压乃至特高压，都可以使用基于电容分压原理的电子式电压互感器取得保护信号；但要注意去解决后文将提到的剩余电荷泄放通道问题。

相对而言，压缩气体电容器基本上不受周围环境电磁干扰的影响，具有很好的稳定性。但其工作电流变比较小，一般在毫安量级，这就需要对其二次输出信号采取有效的电磁屏蔽措施，例如采用同轴电缆传输其输出的测量信号等。另外，还可以采用电子跟随器，以提高电容器输出测量信号的带负荷能力。

当出现断路器在电网电压非过零点分闸的情况时，运行在该断路器附近的电容型分压器上会出现剩余电荷。剩余电荷的存在，会影响电容型分压器的正常响应。剩余电荷的保持时间，与电容放电回路的时间常数大小有关，如果断路器重合闸时仍存在剩余电荷，而且极性与重合闸瞬间一次电压的极性相反，这两个分量叠加后，会加长直流暂态分量的衰减时间，不利于保护装置快速、准确动作。因此，要为电容器提供直流放电通道，具体地，高压臂电容器可以通过线路上接入的变压器和并联电抗器一次绕组放电；而低压臂电容器，则需要在电容器两端并联泄放电阻，或经过接在二次输出端的信号变压器的一次绕组放电。

由于压缩气体电容器的电容量非常小，通常不到 $100\mathrm{pF}$，因此需要释放的剩余电荷并不多；但是，耦合电容器的电容量可能达到 $1\times10^4\mathrm{pF}$，所以，它的电荷释放时间要长一些。不过，只要线路上有并联电抗器或变压器作为低电阻放电通道，还是可以达到释放时间不大于 $10^{-3}\mathrm{s}$ 的要求的。

3. 基于阻-容分压原理的电子式电压互感器

如前所述，电阻型和电容型分压器有各自的优点和不足，其中，电容型分压器的优点是可通过较大的电流，绝缘性能好，抗干扰能力较强；其不足是易受环境温度的影响（电容器的温度系数不易达到 $3\times10^{-5}/℃$ 以下），测量的稳定性差，实施关合、开断操作时，会有充放电的暂态过程发生，电容上存留的电荷，会导致暂态过电压，或出现由谐振引发的"容升"现象。而电阻型分压器的优点是可以选择较好的温度系数，分压器本体无存留电荷，无暂态响应过程；其不足是分压电流小，绝缘和抗干扰能力均不如电容型分压器。

阻-容型分压器是一种将电阻型分压器和电容型分压器结合起来，可以实现两者优势互补的分压器。基于阻-容分压原理的电子式电压互感器的原理框图如图 2-13 所示。

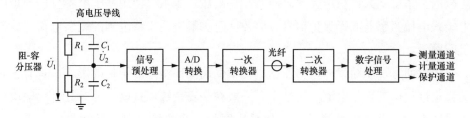

图 2-13　基于阻-容分压原理的电子式电压互感器原理框图

依据复阻抗串、并联电路的工作原理，可根据图 2-13 得到式（2-12）所示的阻-容分压原理的数学关系式，即：

$$K = \frac{\dot{U}_1}{\dot{U}_2} = \frac{R_1 \mathbin{/\mkern-5mu/} \dfrac{1}{\mathrm{j}\omega C_1} + R_2 \mathbin{/\mkern-5mu/} \dfrac{1}{\mathrm{j}\omega C_2}}{R_2 \mathbin{/\mkern-5mu/} \dfrac{1}{\mathrm{j}\omega C_2}} \tag{2-12}$$

$$= \frac{R_1(1 + \mathrm{j}\omega R_2 C_2) + R_2(1 + \mathrm{j}\omega R_1 C_1)}{R_2(1 + \mathrm{j}\omega R_1 C_1)}$$

可见，阻-容分压器的分压比 K 是一个与电压频率有关的复变量。当被测高电压导线的电压 $\dot{U}_1$ 是直流或低频正弦电源时，式（2-12）可近似表示为 $K = (R_1 + R_2)/R_2$，这正是基于电阻分压原理的电子式电压互感器的分压比；而当被测高电压导线的电压 $\dot{U}_1$ 是高频正弦电源时，式（2-12）则可近似表示为 $K = (C_1 + C_2)/C_1$，而这正是基于电容分压原理的电子式电压互感器的分压比。但一般来讲，式（2-12）所示阻-容分压器的分压比，会随着正弦激励电源频率的改变而变化，因此无法满足电子式电压传感器选用的要求。为了获得固定的电压变比，在设计中，应合理选择电阻器、电容器的参数满足下面的关系式，即：

$$R_1 C_1 = R_2 C_2 \tag{2-13}$$

将式（2-13）代入式（2-12），可得：

$$K = (R_1 + R_2)/R_2 \tag{2-14}$$

如此，分压比 K 便与正弦激励电源的频率无关，符合电子式电压传感器的要求。基于阻-容分压原理的电子式电压互感器，结合了电阻分压和电容分压的某些特点，形成了如下独有的技术优势：

（1）不存在由剩余电荷引起的暂态过程。

（2）采用高精度电阻器、电容器构建，所以性能稳定、测量准确度高。

（3）输入阻抗高、分压电流小、功耗低、体积小、质量轻。

（4）频率响应范围宽，既可用于测量交流电压，也可用于测量直流电压。

4. 基于串联感应分压原理的电子式电压互感器

基于串联感应分压原理的电子式电压互感器的原理结构如图 2-14 所示。电容型分压器的电流超前电压 90°，电感型分压器的电流则滞后电压 90°，而且它们在分压原理上也有所不同。电感型分压器需要使用多台电抗器串联，同一台电抗器的两个线圈之间由平衡线圈均衡上、下铁芯中的磁通；相邻电抗器之间利用连耦线圈均衡各铁芯中的磁通，从而使各台电抗器承受的电压尽量均衡。与电磁式电压互感器相比，虽然电感型分压器仍具有铁芯线圈结构，但是其各器件能相对均匀地承担一次电压，各器件的电位能沿套管高度方向均匀下降，不会出现集中的电场，其绝缘结构比电磁式电压互感器要合理得多。由于铁芯磁导率的温度系数对误差的影响是间接的，而电容器的温度系数对误差的影响却是直接的，所以电感型分压器的另一个优点是受温度的影响比电容型分压器小。

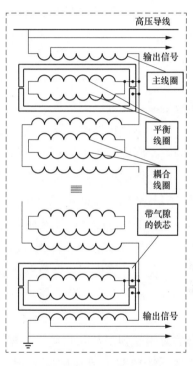

图 2-14　基于串联感应分压原理的
电子式电压互感器原理结构

四、电子式互感器的特点

综上所述，与传统的电磁式互感器相比，电子式互感器具有如下优点：

（1）抗电磁干扰性能好，绝缘性能优良，且造价较低。传统的电磁式互感器为实现高电压侧与低电压侧的绝缘，需要投入较大成本，而电子式互感器在高电压侧与低电压侧之间利用光纤传输信号，不仅可避免因直接传输电信号而带来的诸多问题，还能起到绝缘作用，可大大降低电子式互感器的制造成本，且随着电压等级的升高，其造价优势更为明显。

（2）大部分电子式互感器是不需要铁芯的，使用不含铁芯的电子式互感器，能够从根本上解决磁饱和以及铁磁谐振等问题。

（3）电子式互感器在低电压侧的输出信号为弱电信号，便于施加保护措施，以规避传统电磁式互感器在低电压侧可能出现的危险情况（如电磁式电流互感器的二次侧若开路，会产生高电压；电磁式电压互感器二次侧若短路，会产生大电流，均极易引发故障）。

（4）动态测量范围大，测量准确度高。例如，电子式电流互感器具有很宽的动态范围，在确保测量准确度的条件下，能够测量的额定电流为数千安，过电流可达数万安。

（5）频率响应范围宽。已被试验证明，电子式电流互感器不仅可以准确测量谐波电流，还可以测量暂态电流、高频大电流以及直流电流。

（6）不存在易燃、易爆等危险。电子式互感器一般不采用充油的方式解决绝缘问题，所以避免了易燃、易爆等危险。

（7）体积小，质量轻。电子式互感器的一次传感器本身的质量一般较轻，例如，345kV 的电子式电流互感器的高度为 3m 左右，质量约为 100kg；而同电压等级的充油型电磁式电流互感器的高度约为 6m，质量超过 7000kg。

（8）具有多功能、智能化特点。电子式互感器的输出信号为数字化的电信号，方便与计算机相连，与电力系统大容量、高电压以及计量和输配电系统的数字化、微机化、自动化发展趋势相适应。

但是，由于目前使用的仪表与电子式互感器互不匹配，所以使电子式互感器的应用受到限制。再则，电子式互感器易受环境条件影响，工作可靠性有待提高。2015 年 6 月，国家电网有限公司组织中国电力科学研究院等单位，分别于黑龙江、新疆、西藏和福建等地建成了"高严寒、高干热、高海拔、高盐雾（湿热）"典型环境计量设备性能试验验证平台，对电能计量设备在不同极端环境下的性能进行全方位的考核与分析。基于该实验平台对电磁式互感器和电子式互感器开展的试验表明，上述极端环境对电磁式互感器和低功率电流互感器的工作性能影响不大；基于罗戈夫斯基线圈的电子式电流互感器和基于分压原理的电子式电压互感器的计量性能易受极端环境影响；基于光学原理的电子式互感器的工作性能受极端环境影响较大，甚至难以适用，即极端环境下，电子式互感器（低功率电流互感器除外）的误差性能明显变差，截至目前还不及电磁式互感器。

第二节　高压组合传感器

本节介绍高压组合传感器及其主要组成部分——贯穿电子式电流互感器和电压传感器。通过原理分析和图解示意，详细阐述高压组合传感器的工作原理及接线方式。

一、高压组合传感器简介

1. 概述

我国的电力系统已逐步完成了对二次电气设备的电子化和数字化改造，所以目前使用的测量、计量仪器仪表和微机式保护装置的输入电流信号，已是毫安级或微安级的电流信号；输入电压信号为伏级的电压信号，驱动功率较小。而传统电磁式电流互感器的输出电流信号的量限值为 5A 或 1A，传统电磁式电压互感器输出电压信号的量限为 100V 或 $100/\sqrt{3}V$，输出容量为几十伏安，远大于目前使用的测量、计量仪器仪表和微机式保护装置的驱动功率。若传统电磁式互感器与目前使用的测量、计量仪器仪表和微机式保护装置直接连接，将使得电磁式互感器运行在实际二次负荷远低于其额定负荷的状态，如此，既浪费资源和能源，又会导致电磁式互感器产生附加误差甚至超差（即误差超过标准规定的限值）。而且，基于电磁式互感器的传统高压电能计量设备存在体积大、质量大、耗材多、耗能高、误差特性曲线差、综合误差不能用于标定系统的准确度等级、可靠性较低、事故多、难以遏制窃电问题，以及管理不便等诸多缺陷和不足，所以，十分有必要研制与目前使用的测量、计量仪器仪表和微机式保护装置相配套的电流、电压变换装置。

所谓组合互（传）感器有两种实现方案，一种是将电流、电压互感器简单组合在一起实现电流、电压测量的高压组合互感器，但是这样不仅没有解决上述传统电磁式互感器与目前使用的测量、计量仪器仪表和微机式保护装置不匹配的问题，反而有可能因为空间距离变近带来新的麻烦；一种是对电流、电压互感器进行综合设计，使之适配于目前使用的测量、计量仪器仪表和微机式保护装置。后者的典型代表有山东计保电气有限公司研制的高压组合传感器（下文提到的高压组合传感器均为该厂商生产），它是将该公司的专利产品——贯穿电子式电流互感器和电压传感器进行组合设计后形成的一种新型电流、电压变换装置。高压组合传感器的输出电流信号为毫安级或微安级电流信号，输出电压信号可以是伏级的电压信号，因此，能够与目前使用的测量、计量仪器仪表和微机式保护装置直接相连，用于替代传统的电磁式互感器，实现对大电流、高电压信号的采集和输出功能，为配电网实现测量、计量与保护功能提供高精度的信号源。此外，高压组合传感器也能输出毫伏级的电压信号，可以与其输出的毫安级或微安级电流信号同时直接接入电能计量芯片，完成电能计量功能。

2. 高压组合传感器的结构

高压组合传感器的原理框图如图 2-15 所示，主要包含贯穿电子式电流互感器和电压传感器两部分，其中，贯穿电子式电流互感器、电压传感器的输出端，

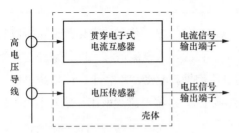

图 2-15　高压组合传感器的原理框图

分别作为高压组合传感器的电流、电压输出接口。高压组合传感器从高电压导线取得大电流、高电压信号，输出的信号为毫安级或微安级的电流信号，以及伏级或毫伏级的电压信号；而且输出的电信号可以是模拟信号，也可以是数字信号。即，高压组合传感器能够采集并输出电信号，并将其直接供给测量、计量仪器仪表和微机式保护装置，以及电能计量芯片使用。

3. 高压组合传感器的优势

归纳起来，高压组合传感器具有如下技术优势：

（1）安全系数高。高压组合传感器采用贯穿电子式电流互感器测量大电流，减少了电流变换环节所需的安匝数，而且设计有电流饱和值，使得被测高电压导线处于过电流状态时，高压组合传感器中的贯穿电子式电流互感器进入饱和状态，从而不会被烧坏。高压组合传感器采用电压传感器测量高电压，其输入阻抗为高达几十兆欧的电阻，且不显感性。这些措施的采用和实现，从根源上解决了电磁式电压互感器长期存在的电磁谐振、高次谐波、操作过电压等威胁电力系统安全稳定运行的问题。

（2）耐受电压性能好。传统电磁式电压互感器需要在 3 倍频条件下才能施加 2.8 倍工频电压做相间耐压试验，而高压组合传感器在工频条件下即可施加 2.8 倍工频电压做相间耐压试验，并且可以在 2 倍工频电压下长期安全稳定运行，同时其绝缘性能不会发生大的改变。此外，高压组合传感器的局部放电试验，可以在工频条件下直接施加电压开展，并且大量试验表明，高压组合传感器的局部放

电量小于 5pC，高于国家标准 20pC 的要求。

（3）可规避外界因素对测量结果的干扰。高压组合传感器将贯穿电子式电流互感器与电压传感器封装在同一壳体内，规避了分布电容、温度、湿度、安装倾角等因素对测量结果的影响，提高了测量准确度。

（4）接线方案多，适用范围广。高压组合传感器可提供同时满足测量、计量或保护所需的电流信号和电压信号，而且便于实现多种不同的接线方案，例如，在三相三线制或三相四线制供电系统中，均可完成对大电流和高电压信号的测量；采用常规接线方式，可以获取满足零序保护取样要求的信号；采用开口三角接线方式，可以满足差动保护装置的信号取样要求等。

（5）节约能源、资源与材料。高压组合传感器采用贯穿电子式电流互感器、电压传感器变换电流和电压，可以直接获得微弱（微小）的电流、电压信号，使得其本身的损耗及其二次负荷的功率都有较大幅度降低。此外，高压组合传感器将贯穿电子式电流互感器、电压传感器设计为一体式结构，体积小、质量轻、节约制作材料、节省安装空间、大幅度降低设备成本，而且具有便于测量、计量，以及便于保护装置的安装、使用和维护的优点，对提高供电质量起到了关键作用。

4. 高压组合传感器的产品举例

三相高压组合传感器的产品外观如图 2-16 所示。在其上部的两个中空凸起带通孔的部分，设置有贯穿电子式电流互感器；在两通孔内部以及中间的接头上，设有电压传感器的输入接口。按照标注的相序，将配电线路依次穿过相应的中空凸起部分的通孔或与中间的接头可靠连接，三相高压组合传感器便能够将高电压导线的大电流信号以及高电压信号转换为微弱的电流信号和电压信号，从而直接提供给测量、计量仪器仪表和微机式保护装置，以及电能计量芯片使用。

图 2-16 三相高压组合传感器产品外观

三相高压组合传感器的主要技术指标如下：①高电压侧电流量限为 20～500A；②高电压侧额定电压值为 10kV；③弱信号侧电流量限值为毫安级或微安级；④弱信号侧电压量限值为 1V、2V 或其他设定值；⑤额定频率为 50Hz；⑥准确度等级为 0.2S 级（电流）、0.2 级（电压）；⑦输出功率为每相低于 5W；⑧输出容量为每相低于 10VA。

三相高压组合传感器既可以安装在户内使用，也可以安装在户外使用，具体的安装现场分别如图 2-17（a）、（b）所示。

(a)　　　　　　　　　　　　　　　　　　(b)

图 2-17　三相高压组合传感器的安装方式

（a）安装在户内；（b）安装在户外

二、高压组合传感器的电流传感单元—贯穿电子式电流互感器

贯穿电子式电流互感器的原理框图如图 2-18 所示。贯穿电子式电流互感器的高电压侧绕组为被测的高电压导线，可以制作成单匝绕组（必要时可以用多匝）或穿心式绕组。贯穿电子式电流互感器利用高灵敏度、宽负载特性的铁芯，可以保证在微小电流条件下仍具有足够高的灵敏度；且电流超出测量范围时，其还具有饱和特性，可避免过电流条件下电流互感器因发热而导致的故障甚至是电网事故。贯穿电子式电流互感器的弱信号侧所输出的等比于被测高电压侧电流的弱（小）电流信号，经过补偿而满足电能计量的准确度要求后，被输入到数据处理单元；同时，被测高电压侧电流和所输出弱电流信号的比值（也称电能倍率常数），也要输送到数据处理单元中以备使用。对贯穿电子式电流互感器弱信号侧的输出信号，可根据用途，选择直接输出电流信号；也可以经并联电阻变换成电压信号，如此，就可以进一步降低电流变换环节的安匝数，提高安全性。

贯穿电子式电流互感器的高电压侧与弱信号侧之间，应根据实际使用的电压等级进行高低压隔离处理，以使其高电压侧在承受相应电压等级的工作电压、交流耐受电压和冲击耐受电压时，弱信号侧的电能计量单元等模块仍然能够正常、可靠地工作。此外，为使贯穿电子式电流互感器在高电压下不受周围电磁干扰的影响、满足电磁兼容的要求，还应进行电磁屏蔽和防静电处理。

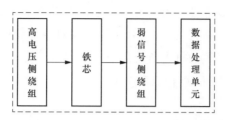

图 2-18　贯穿电子式电流互感器的原理框图

　　贯穿电子式电流互感器采用贯穿式方案接入高电压导线，即将穿过铁芯（图 2-16 中所示的中空凸起带通孔部分）的高电压导线作为高电压侧绕组。贯穿式接线的具体操作，是将被测高电压导线分别贯穿各相对应的中空凸起部分的通孔，并使用通孔内的尖头螺丝加以固定。如此，可以避免将高电压导线断开而产生的螺栓式触点，从而减少由接触电阻发热产生的能量损耗，并提高安全性。

三、贯穿电子式电流互感器的接线方式

　　贯穿电子式电流互感器在三相四线制配电系统中的接线方式如图 2-19 所示。其中，三只贯穿电子式电流互感器分别用于获取 A 相、B 相、C 相的相（线）电流信号。因此，无论被测三相四线制配电系统的电力负荷是处于对称运行状态，还是处于非对称运行状态，图 2-19 所示接线方式都可以应用。在三相四线制配电系统中，三只贯穿电子式电流互感器所输出的弱电流信号用在公式 $W = \mathrm{Re}\ \{\dot{U}_a \dot{I}_a^* + \dot{U}_b \dot{I}_b^* + \dot{U}_c \dot{I}_c^*\} \times \Delta t$ 中，进而求得被测对象消耗的电能量。

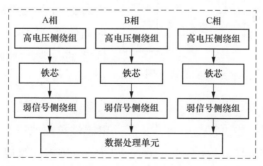

图 2-19　贯穿电子式电流互感器在三相四线制配电系统中的接线方式示意

　　贯穿电子式电流互感器在三相三线制配电系统中的"两功率表法"接线方式如图 2-20 所示。原则上，两只贯穿电子式电流互感器可以获取三相交流高电压

导线中任意两相的电流信号，但通常被安装在 A 相和 C 相线路上，即用于获取 A 相和 C 相线路的电流信号。在三相三线制配电系统中，两只贯穿电子式电流互感器的输出信号，可用在式（1-4）中计量被测对象耗用的电能量。而且，无论被测三相三线制配电系统的电力负荷是处于对称运行状态，还是处于非对称运行状态，图 2-20 所示接线方式都可以应用。

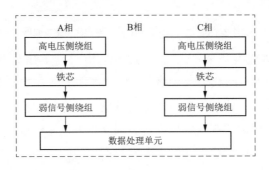

图 2-20　贯穿电子式电流互感器在三相三线制配电系统中的接线方式示意

四、高压组合传感器的电压传感单元—电压传感器

单相电压传感器的原理框图如图 2-21 所示。其中，电流变换装置输入端口的一端连接公共端，另一端与电阻 R 串联后连接高电压导线。电阻 R 的量限为几十兆欧量级，使得电压传感器的输入阻抗为纯阻性高阻抗，不显感性，因此，

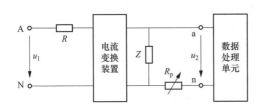

图 2-21　单相电压传感器的原理框图

不会因为受到铁磁谐振、高次谐波、操作过电压、雷电冲击电压等因素的影响而引发事故。电流变换装置的弱信号侧输出端口并联阻抗 Z，阻抗 Z 的一端，通过电位器 R_p 连接数据处理单元。电流变换装置可以采

用电磁式电流互感器、电子式电流互感器或贯穿电子式电流互感器等。阻抗 Z 可以采用电阻性负载，也可以是电容性负载、电感性负载或三者的组合。通过补偿调节，可以使被测电压 u_1 在 80％、100％、120％等不同量程范围内所得二次电压 u_2 的误差都小于规定的量值，且线性度、准确度等也满足相应的要求。满足各类标准和规范要求的弱信号 u_2 被输入到数据处理单元进行后续处理；同时，u_1 与 u_2 的比值（也称电能倍率常数）也要输入到数据处理单元中以备使用。

五、电压传感器的接线方式

电压传感器在三相四线制配电系统中的接线方式如图 2-22 所示。采用 Y-y 接线方式时（在电压传感器的高电压侧、弱信号侧的回路均采用星形接线时，分别用"Y""y"表示），每个电能计量点需要安装三只电压传感器，分别用于获取 A 相、B 相、C 相的电压信号。因此，这种接线方式既可以用于电力负荷处于对称运行状态的三相四线制配电系统，也可用于电力负荷处于非对称运行状态的三相四线制配电系统。与贯穿电子式电流互感器类似的，在三相四线制配电系统中，三只电压传感器所输出的弱电压信号用在公式 $W = \mathrm{Re}\{\dot{U}_a \dot{I}_a^* + \dot{U}_b \dot{I}_b^* + \dot{U}_c \dot{I}_c^*\} \times \Delta t$ 中，从而求得被测对象消耗的电能量。

电压传感器在三相三线制配电系统中"两功率表法"的接线方式如图 2-23 所示。采用 D-d 接线方式时（在电压传感器的高电压侧、弱信号侧的回路采用三角形接线时，分别用"D""d"表示），每个电能计量点需要安装两只电压传感器，可对三相交流高电压导线的任意两个线电压进行取样。在三相三线制电力系统中，贯穿电子式电流互感器与电压传感器共有表 2-1 所示的三种搭配方案，但通常采用方案②，即利用两只贯穿电子式电流互感器分别获取 A 相和 C 相线路的电流 I_A、I_C；利用两只电压传感器分别获取线电压 U_{AB}、U_{CB}，它们的高电压侧公共端连接 B 相；将获取的电流信号和电压信号以及相应的电压变比、电流变比等数据，送入数据处理单元以完成后续的分析和处理。与贯穿电子式电流互感器类似的，在三相三线制配电系统中，两只电压传感器的输出信号，可用在式 (1-4) 中计量被测对象耗用的电能量。而且，图 2-23 中电压传感器的接线方式不受负荷是否对称的影响，即该接线方式既能用于电力负荷处于对称运行状态的三相三线制配电系统，也可用于电力负荷处于非对称运行状态的三相三线制配电系统。

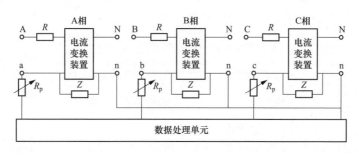

图 2-22　电压传感器在三相四线制配电系统中的接线方式示意

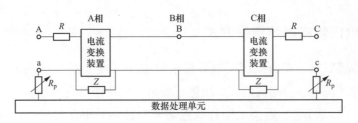

图 2-23　电压传感器在三相三线制配电系统中的接线方式示意

表 2-1　　　　　　　三相三线制电力系统"两功率表法"的接线方案

方案	贯穿电子式电流互感器所测电流	电压传感器所测电压
①	I_B、I_C	U_{BA}、U_{CA}，公共端连接 A 相
②	I_A、I_C	U_{AB}、U_{CB}，公共端连接 B 相
③	I_A、I_B	U_{AC}、U_{BC}，公共端连接 C 相

第三节　高压电能计量设备

从本节起，重点阐述以高压电能计量新技术为基础的几种智能型高电压设备，主要包括电子式高压电能表、高压电能表（如传感器式高压电能表）、智能型高压电气开关以及智能型变压器等。本节主要论及高压电能计量设备的基本概念、结构、工作原理、功能、检验以及技术参数等，希望通过概念描述、原理解读、器件介绍等，讲清楚各类高压电能计量设备的基本结构与工作原理，以及高压电能表与传统高压电能计量设备、电子式高压电能表的区别。

一、高压电能计量设备简介

根据配电网用高压电能计量设备的发展历程，可将其分为传统高压电能计量设备和新型高压电能计量设备，这两类设备在所用电流、电压取样装置和实现电能计量的模块方面的主要区别，如表 2-2 所示。

表 2-2　　　　　　　配电网用高压电能计量设备的技术方案

高压电能计量设备	所用电流取样装置	所用电压取样装置	实现电能计量的模块
传统高压电能计量设备	电磁式电流互感器	电磁式电压互感器	感应式电能表、电子式电能表
新型高压电能计量设备	弱输出电流互感器、电子式电流互感器、电流传感器	弱输出电压互感器、电子式电压互感器、电压传感器	电子式电能表、电能计量芯片

为解决传统高压电能计量设备存在的缺乏可靠的误差评价方法、事故多发、难以遏制窃电现象、体积大、质量大、耗材多、能耗高、管理不便等问题，逐渐发展出了基于弱输出电流互感器、电压互感器，电子式电流互感器、电压互感器，电流互感器、电压传感器，以及电子式电能表、电能计量芯片等高压电能计量新技术的新型高压电能计量设备。

新型高压电能计量设备的分类如表 2-3 所示，其中，弱输出高压电能计量设备和电子式高压电能表还是分体式结构的，仍然存在无法整体溯源的问题。而具有一体化设计结构的高压电能表，不仅具有安全性能高、计量准确、防窃电性能好、节约资源和能源、便于管理等优势，还可以解决整体溯源问题。

表 2-3　　　　　　　　　　　　新型高压电能计量设备的分类

新型高压电能计量设备	所用电流取样装置	所用电压取样装置	实现电能计量的模块
弱输出高压电能计量设备	弱输出电流互感器	弱输出电压互感器	电子式电能表、电能计量芯片
电子式高压电能表	电子式电流互感器	电子式电压互感器	电能计量芯片
高压电能表	电子式电流互感器、电流传感器	电子式电压互感器、电压传感器	电能计量芯片

1. 传统高压电能计量设备

传统高压电能计量设备是指由"电磁式电流互感器＋电磁式电压互感器＋二次导线＋电能表"构成的"组合互感器＋电能表"形式的高压电能计量设备或高压电能计量箱（柜）。这是最早使用的高压电能计量设备，也是目前仍应用最为广泛的高压电能计量设备。鉴于本书第一章中已对其工作原理和特点等进行了详细介绍，此处不再赘述。

2. 新型高压电能计量设备

为克服传统高压电能计量设备存在的诸多缺陷，出现了分体式结构的弱输出高压电能计量设备、电子式高压电能表和一体化设计的高压电能表等新型高压电能计量设备。

弱输出高压电能计量设备是指由弱输出型电磁式电流互感器、电压互感器以及电子式电能表或电能计量芯片构成的高压电能计量设备，其工作原理与图 1-1 所示传统高压电能计量设备的工作原理基本相同。

1973 年，德国物理技术研究院的 A. Braun 和 J. Zinkernage 最早提出在高电压侧直接计量电能量的想法，并具体用弱输出电流互感器获取电流信号，以压缩气体电容器分压取得电压信号，构成了一种电子式高压电能表。1991 年，T. W. Cease 等研制出光学原理的电子式电流互感器和电子式电压互感器，进而研发出一种电子式高压电能表。

我国于 21 世纪初开始研制电子式高压电能表，主要由电子式互感器和数据处理单元等构成，其原理框图如图 2-24 所示，具体分为高电压侧和低电压侧两部分，利用光纤在这两部分之间传输信号。在最早设计的电子式高压电能表中，高电压侧部分主要完成对电压、电流信号的采样和数据传输。高电压侧输出的电信号，通过一次转换器变为光信号，经光纤被传输到低电压侧的二次转换器，又被恢复为电信号。低电压侧部分主要接收并利用高电压侧传来的测得数据，计算电压和电流有效值、功率因数、功率、有功电能、无功电能以及谐波功率等，然后进行显示或传输。后来，又出现有将电能计量芯片挪到高电压侧，即在高电压侧就完成功率、有功电能和无功电能等测算的实现方案。如此，低电压侧部分的参数计算功能得到简化，主要负责对测量计算结果的显示或传输。

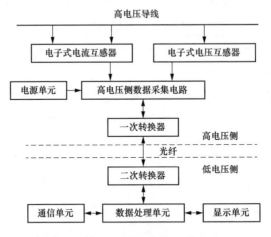

图 2-24 电子式高压电能表的原理框图

电子式高压电能表的电流互感器，可采用基于罗戈夫斯基线圈的电子式电流互感器或低功率电流互感器，也可以利用基于光学原理的电子式电流互感器。而电压互感器，可采用前述的基于分压原理的各类电子式电压互感器，也可以利用基于光学原理的电子式电压互感器。各功能电路模块的工作电源，主要有激光供能、I/P 供能（例如电流互感器在线取能）以及 U/P 供能（例如电容型分压器取能）等方案。为提高电子式高压电能表的工作可靠性，还可加装备用电源。

在我国于 2017 年 3 月 1 日起实施的 GB/T 32856—2016《高压电能表通用技术要求》中，将高压电能表定义为："一种直接接入 6kV～35kV 电力线路测量有功电能与无功电能的仪表，由装入同一壳体（包封）内，包括高压电流电压传感器、高压供电单元、电能计量单元、内置计度显示单元（若有）、通信单元（若有）等组成。"由此可知，高压电能表的主要功能是计量配电网的有功电能和无功电能，其特点包括：①具有可与高电压导线直接连接的高压电流端子和电压端子；②统一设计各个功能单元并将它们装入同一壳体（包封）内，因此，可以进行整体误差检验；③设备整体装设在高电压侧，可实质性降低窃电风险；④可以根据电能数据的易读性，选择将计度显示器安装在高压电能表内部或外部；⑤通信单元不仅可以传输电能计量数据，更重要的作用是可将高压电能表接入电能量信息采集和管理系统，甚至是配电自动化系统。

值得注意的是，根据上述有关高压电能表的定义可知，图 2-24 所示的电子式高压电能表，并不是一种真正意义上的高压电能表，因为其电能计量单元并没有与高电压侧的电流传感器、电压传感器等装入同一壳体（包封）内。但是，由于"电子式高压电能表"一词的出现，早于 GB/T 32856—2016《高压电能表通用技术要求》的出台，已成为约定俗成的词汇，所以未曾更改。但是读者应明确电子式高压电能表与高压电能表是两个不同的概念。

相对于传统高压电能计量设备，两种分体式结构的新型高压电能计量设备，均着眼于重新设计电流变换装置和电压变换装置，其共性问题是，分体式结构难以解决高压电能计量的溯源问题。就弱输出高压电能计量设备而言，因其仍采用电磁式互感器和分体式结构，所以仍存在综合误差无法用于标定准确度等级、事故多发以及难以遏制窃电现象等问题。截至目前，电子式高压电能表仍处于实验室研发和小规模试验运行阶段，缺乏实际应用的考验；而且所用的电子式互感器，除低功率电流互感器外，均存在工作性能和使用寿命易受运行环境影响等问题。

为摈弃传统高压电能计量设备存在的体积大、质量大、耗材多、能耗高、误差特性曲线差且综合误差不能用于标定系统的准确度等级、事故多发、可靠性有待提高、难以遏制窃电现象，以及管理不便等本征性缺陷，并解决分体式新型高压电能计量设备也无法溯源的问题，高压电能表应运而生。

2004 年，张玉萍和王宇琼提出一种 10kV 和 35kV 三相电子式高压电能表的一体式设计方案。这是文献报道最早的符合后来制定的国家标准所定义的高压电能表的构建方案。此后，我国多家企业陆续研发出多种基于不同电流、电压变换装置的高压电能表。例如，2005 年，武汉国测科技股份有限公司、淄博计保互感器研究所分别将所研制的高压电能表挂网应用。其中，武汉国测科技股份有限公司研制出的高压电能表，采用电阻分压器或电容分压器获取电压信号，利用基于罗戈夫斯基线圈的电子式电流互感器或低功率电流互感器获得电流信号，再将电压、电流信号送入电能计量单元，在高压下实现高压电能计量。而淄博计保互感器研究所研制出的传感器式高压电能表，则从高压线直接获取工作电源，将利用贯穿电子式电流互感器转换所得的弱电流信号、基于电流法制成的高压电压传感器转换所得的弱电压信号接入电能计量芯片，实现高压下的电能计量；现已挂网运行数千台。

2007 年，在山东淄博召开了全国电工仪表行业高压电能表及溯源技术标准研讨会。这次会议上，专家们重点就高压电能表一体化设计中所遇到的问题、实现方案、功能优势、技术特点、检验技术手段等进行了充分的交流和探讨，并参观了淄博计保互感器研究所安装在淄博供电局的高压电能表的运行及溯源装置测试现场。专家们一致认为，高压电能表具有明显的技术优势；同时提议要尽快制定高压电能表国家标准，后将其名称确定为 GB/T 32856—2016《高压电能表通用技术要求》。该国家标准已于 2017 年 3 月 1 日发布实施，并于同年 3 月 6 日在淄博举行了该标准的解读论坛。

根据 GB/T 32856—2016《高压电能表通用技术要求》以及相关专利中所述高压电能表的技术方案，可以得到高压电能表的原理框图如图 2-25 所示。高压电能表采用电子式电流互感器或电流传感器获取微弱电流信号；以电子式电压互感器或电压传感器获取微弱电压信号；利用电能计量芯片完成高压电能计量，并计算功率因数、电流和电压的有效值等；由显示单元就地显示所计量的电能量；利用通信单元将电能量数据上传到数据采集网络；主要利用电流互感器或电压互感器从高电压导线处获取电源，构成高压电源回路。

应注意，高压电能表与电子式高压电能表所用电子式互感器在原理上保持一致，但结构有所不同。在高压电能表中，电子式互感器传感头输出的信号直接送给同一壳体内的电能计量单元；而在电子式高压电能表中，该信号需要经光纤传输到低电压侧的数据处理单元。

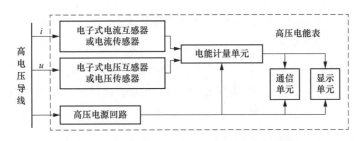

图 2-25　传感器式高压电能表的原理框图

二、高压电能表的检验

GB/T 32856—2016《高压电能表通用技术要求》中规定，高压电能表的检验包括出厂试验、型式试验、周期试验以及可靠性验证试验共四类试验。

1. 出厂试验

出厂试验是在高压电能表出厂前，制造厂检验部门按 GB/T 32856—2016《高压电能表通用技术要求》以及有关技术文件对高压电能表进行的逐台检查和试验，试验合格的产品应打印加封以进行区别。出厂试验的项目和顺序如表 2-4 所示。

表 2-4　　　　　　　　　　高压电能表出厂试验的项目及其顺序

序号	试验项目
1	外观检查
2	交流耐受电压试验
3	局部放电试验
4	高压拉弧试验
5	电流改变量引起的误差试验
6	逆相序影响试验
7	潜动试验
8	起动试验
9	仪表常数试验

有关高压电能表出厂试验的各项具体内容，请参见 GB/T 32856—2016《高压电能表通用技术要求》中 10.2 的相关内容。

2. 型式试验

型式试验是为验证高压电能表的性能是否达到预期要求而进行的试验。在高压电能表新产品投产前，或者在高压电能表的结构、工艺或主要原材料有所改变，可能影响其符合相关标准和产品技术条件要求时，应当进行型式试验。

被选作参与型式试验的高压电能表试品，应是已经进行过全部出厂试验项目并且合格的高压电能表新产品。广义上，高压电能表型式试验包括出厂试验以及型式附加试验。其中，型式附加试验又包括功率消耗试验、电压改变量影响试验、频率改变量影响试验等共计 26 项具体试验，每项试验所要求的试品数量均为 2 台。当全部试品的所有试验项目都达到合格标准后，才被认为该高压电能表的型式试验合格，否则，会认为型式试验不合格。有关高压电能表型式试验的各项具体内容，请参见 GB/T 32856—2016《高压电能表通用技术要求》中 10.3 的相关内容。

3. 周期试验

周期试验是在高压电能表能够稳定生产后，为保证其产品质量所进行的定期试验。周期试验每 3 年进行一次，其试验项目与型式试验的内容相同。

4. 可靠性验证试验

可靠性验证试验是为验证高压电能表工作可靠性是否达到产品年失效率水平的要求而进行的相关试验。在高压电能表的新产品定型投产前，以及在高压电能表产品的结构、工艺和主要原材料等有所改变，可能影响该产品的可靠性水平时，应进行可靠性验证试验。在稳定生产后，为保证高压电能表产品能维持可靠性指标，每 3～5 年应进行一次可靠性验证试验。

高压电能表产品出厂前与出厂后的可靠性验证试验，应分别参照 GB/T 17215.941—2012《电测量设备　可信性　第 41 部分：可靠性预测》、GB/T 32856—2016《高压电能表通用技术要求》进行。

三、高压电能表的技术参数

1. 电气参数和电气要求

高压电能表的电气参数包括以下内容。

（1）额定电流标准值（I_n）：5、10、15、20、30、40、50、75、100、150、200、300、400、500、600A。

（2）额定电压标准值（U_n）：6、10、20、35kV。

（3）额定电流扩大倍数标准值（K_b）：1.2、1.5、2、4。额定电流与额定电流扩大倍数的乘积，就是仪表的额定最大工作电流（I_{max}）。

（4）额定频率（f_n）：50Hz。

（5）电能表常数额定值：电能表常数应满足在 $1\%I_n$、$\cos\varphi=1$ 条件下，相邻输出脉冲的间隔小于等于 90s；在 I_{max}、$\cos\varphi=1$ 条件下，相邻输出脉冲的间隔大于等于 160ms 的要求，然后，取整数并保留两位有效数字，其余数位设置为零。式（2-15）可满足一般情况下电能表常数 k 的选值要求，即：

$$k = \frac{(2 \sim 3) \times 10^7}{mU_n I_{max} t} \tag{2-15}$$

式中：k 的单位为 imp/kWh（有功电能表常数）或 imp/kvarh（无功电能表常数）；m 为测量单元数；U_n 为额定电压，V；I_{max} 为最大电流，A；t 为时间间隔，h。

（6）额定电压因数标准值：所谓电压因数，是由最高运行电压决定的，而后者，又与电力系统及电压互感器一次绕组的接地条件有关。

表 2-5 列出了与各种接地条件相对应的额定电压因数标准值，以及在最高运行电压下的允许持续时间（即额定时间）。

表 2-5　　　　　　　　　　　　额定电压因数的标准值

端子连接方式和系统接地方式	额定电压因数	额定时间
任一电网的相间	1.2	连续
中性点有效接地系统中的相与地之间	1.2	连续
	1.5	30s
带有自动切除对地故障装置的中性点非有效地系统中的相与地之间	1.2	连续
	1.9	30s
无自动切除对地故障装置的中性点绝缘系统或无自动切除对地故障装置的共振接地系统中的相与地之间	1.2	连续
	1.9	8h

电气要求包括功率消耗、交流耐受电压、冲击耐受电压、局部放电等共计 10 项指标。

2. 机械结构

机械结构主要规定了高压电能表的绝缘表面、外壳及窗口、接线端子、铭牌以及包装等应满足的指标。

3. 环境条件

环境条件主要包括高压电能表在海拔高度、环境温度、环境湿度、盐雾、太阳辐射、贮存与运输等各种条件比较特殊情况下应满足的要求。

4. 准确度要求

准确度要求主要对电流改变量及其他影响量引起误差变化的限值、起动与潜动、仪表常数试验以及电能计度器试验等给出了相应的具体规定。

5. 使用、贮存及可靠性要求

高压电能表的使用和贮存寿命应不少于 8 年。高压电能表的可靠性，用年平均失效率水平来表示，具体分为 0.2%/年、0.5%/年、1%/年共 3 个级别。高压电能表在制造厂规定的平均可用时间内，其平均失效率限值应满足表 2-6 的要求。

表 2-6 　　　　　　　　　　高压电能表平均失效率限值

出厂（运行）年限			1 年	2 年	3 年	4 年	5 年	6 年	7 年	8 年
年平均失效率水平	0.2%/年	年平均失效率限值（%）	0.2	0.25	0.3	0.35	0.4	0.45	0.5	0.55
	0.5%/年		0.5	0.62	0.75	0.88	1	1.12	1.25	1.38
	1%/年		1	1.25	1.5	1.75	2	2.25	2.5	2.75

有关以上各项参数的具体内容，请参见 GB/T 32856—2016《高压电能表通用技术要求》中第 5～9 节的相关内容。

四、高压电能表的安装方式

高压电能表是一种适应智能电网发展的高压电能计量设备，而且由于具有体积小、质量轻、全封闭设计和干式免维护结构等特点，不仅方便安装在户内、户外供电线路中，也适用于装设在源、网、荷之间相互连接的任意位置，例如配电室内、线路 T 接负载处、高压线路上、用户末端等位置，还可针对不同的杆塔和输电回路，采用适宜的安装方式接入高压线路计量电能。高压电能表的不同安装方式如图 2-26 所示。

(a)

(b)

图 2-26　高压电能表的不同安装方式（一）

（a）安装在户外；（b）安装在户内

图 2-26　高压电能表的不同安装方式（二）

（c）安装在配电室内；（d）安装在线路 T 接负载处；（e）安装在高压线路上；（f）安装在用户末端；
（g）单杆单回路；（h）单杆多回路；（i）双杆单回路；（j）双杆多回路

第四节　传感器式高压电能表

本小节通过概念描述和图解示意，重点介绍传感器式高压电能表的工作原理、功能、优势、主要技术指标以及适用场所。

一、传感器式高压电能表的工作原理

传统高压电能计量设备，由多只电磁式电流互感器、多只电磁式电压互感器、二次导线、电能表以及数据集抄系统等组合而成，存在许多缺点和不足。而且，在智能电网建设中，这些缺点显得更为突出，甚至出现了在环网线路中安装传统高压电能计量设备会影响线路参数的问题，导致其无法在环网线路中使用。传感器式高压电能表正是为了优化高压电能计量设备的特性而设计的一款新产品。

41

传感器式高压电能表将贯穿电子式电流互感器、电压传感器、电能计量单元、GPRS 传输单元、ZigBee 无线通信单元等模块做一体化设计，具有测量电流、电压、有功功率、无功功率、电能量等电参量的功能，其对电能量的计量也完全满足相关标准的要求，因此可替代传统高压电能计量设备。长时间的挂网正常运行表明，传感器式高压电能表具有安全可靠、计量准确且误差唯一确定、能够防止窃电等一系列优点，已获得业内专家和用户的一致认可。

传感器式高压电能表的原理框图如图 2-27 所示。采用本章第二节所述的贯穿电子式电流互感器对电流进行采样，采集正比于高电压侧电流的弱电流信号，其经过高低压隔离、屏蔽、防电晕和补偿处理后，直接输入电能计量单元；采用本章第二节所述的电压传感器对电压进行采样，采集正比于高电压侧电压的弱电压信号，其经过高低压隔离、屏蔽、防电晕和补偿处理后，也直接输入电能计量单元。如此，减少了弱电流、弱电压信号的转换次数，降低了电流转换环节的安匝数和输出容量，省去了传统高压电能计量设备中电能表内的锰铜分流电阻；电能计量单元根据接收到的弱电流信号、弱电压信号以及电能倍率常数进行计算得到电能量。

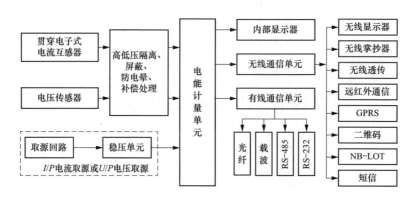

图 2-27　传感器式高压电能表的原理框图

传感器式高压电能表采用 I/P 电流取源装置或 U/P 电压取源装置。I/P 电流取源是从高电压侧负载电流处取得电源，经过高低压隔离、整流、储能和保护处理后，为电能计量单元提供所需的电源电压。U/P 电压取源是根据分压原理，利用超级电容，从高电压处取得电源，经过高低压隔离、整流、储能和保护处理后，提供电能计量单元所需的电源电压。考虑到作为一种计量器具的严肃性，要使用户能够明白放心地用电，传感器式高压电能表在设计制造上，还保留了传统的就地读取电流、电压、电能量等数据并显示的输出方式，同时，也可以用远程抄表方式读取并显示电流、电压、电能量等数据。

传感器式高压电能表所用的贯穿电子式电流互感器、电压传感器的基本原理以及接线方式，在本章第一节和第二节中已经进行了详细介绍，故此处不再赘述，下面仅详细说明其电能计量原理和供能方案的工作原理。

传感器式高压电能表的电能计量原理框图如图 2-28 所示，由贯穿电子式电流互感器变换出的弱电流信号和经过电压传感器变换出的弱电压信号都被送至乘法

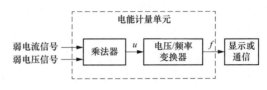

图 2-28　电能计量原理框图

器，由乘法器完成电流与电压瞬时值的相乘，随后输出一个与一段时间内平均功率成正比的电压 u；然后，该电压通过电压/频率变换器转换成相应的脉冲频率 f，再将该频率进行分频，并经过一段时间内计数器的计数，便可得到相应时段的被测电能量。

I/P 电流取源装置的原理框图如图 2-29 所示，主要由在高电压导线处设置的电流互感器、断相指示电路、整流单元、储能单元、稳压单元和电池组等构成。

电流互感器的一次侧绕组为高电压导线，其二次侧绕组输出端连接整流单元

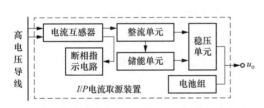

图 2-29　I/P 电流取源装置的原理框图

的输入端。可以设置一个电流互感器进行单相取源，也可以采用三个电流互感器，在三相高电压导线取源，这样在一定程度上能够减轻三相电流不平衡等因素对取源电路输出量的影响，提高其稳定性。电流互感器内设置有铁芯饱和度调节电路，用于在高电压导线电流过大时抑制其最高输出量值，使其仍能在安全范围内。还在电流互感器的二次侧设置了断相指示电路，以便及时发现并解决电流互感器的二次开路故障，提升安全性。整流单元的输出端连接储能单元和稳压单元的输入端，储能单元的输出端连接稳压单元的输入端，稳压单元的输出端和电池组的输出端并联作为整体的输出端。整流单元可采用全波整流、桥式整流、倍压整流、半波整流等不同原理的整流电路加以实现。

  负载电流在正常范围内时，由电流互感器从高电压导线处获取电源，即经整流单元、稳压单元处理后给电能计量单元、显示单元、通信单元等供电，储能单元此时处于储存电能的状态。负载电流过小，导致电流互感器从高电压导线处获取的电源无法为电能计量单元、显示单元、通信单元等正常供电时，储能单元可以提供工作电源，起到续流作用。此外，所设置的电池组也用于防止传感器式高压电能表因供电问题停止工作。

  U/P 电压取源装置主要包括阻抗、电流互感器、整流单元和滤波单元，其原理框图如图 2-30 所示。其输入回路由阻抗和电流互感器组成，可以采用如下两种方式与高电压导线并联：一种是电流互感器的一次侧绕组的一端连接公共端，然后另一端与阻抗串联后连接高电压导线，用于获取相电压；一种是电流互感器的一次侧绕组与阻抗串联，然后两端分别连接不同相序的两条高电压导线，用于获取线

图 2-30 U/P 电压取源装置的原理框图

电压。电流互感器的二次侧绕组输出端连接整流单元的输入端；整流单元的输出端连接滤波单元的输入端，滤波单元的输出端被作为 U/P 电压取源装置的输出端，整流单元的实现方案与 I/P 电流取源装置相同，滤波单元可以采用滤波电容。

  U/P 电压取源装置从高电压导线处取得电能，经过整流单元和滤波单元处理后，提供给电能计量单元、显示单元、通信单元等使用，而且因为电压参量与负载无关，所以 U/P 电压取源装置的输出量值比较稳定，即其供电能力不受负载大小的影响，使得工作可靠性有保障。

  传感器式高压电能表的实物如图 2-31 所示。型号为 CGDS-12 的这款传感器式高压电能表用于三相三线制不直接接地配电网的高压电能计量，其上部的 3 个中空凸起带通孔部分，设置有贯穿电子式电流互感器和电压传感器的接口，按照标注的相序将配电线路依次穿过相应的中空凸起部分的通孔并将连接点固定好，传感器式高压电能表便能够获取线电流 I_A、I_C，以及线电压 U_{AB}、U_{CB}，并将其送入电能计量单元完成电能计量功能。本书的后续内容中，还将对该款传感器式高压电能表及其检验装置等进行全面详实的介绍。

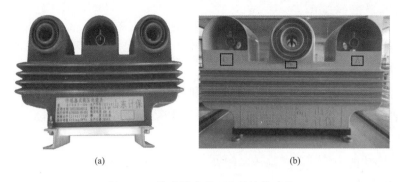

(a)　　　　　　　　　　　　(b)

图 2-31　传感器式高压电能表的实物

（a）型号：CGDS-12N；（b）型号：CGDS-12

二、传感器式高压电能表的功能

传感器式高压电能表不仅具有测量电流、电压、有功功率、无功功率、电能量以及功率因数等基本功能，还具有预付费、复费率等其他功能。根据传感器式高压电能表所能够实现的功能，可将其分为基本型、预付费型、复费率型、多功能型以及智能型等不同类别。

（1）基本型传感器式高压电能表，型号：CGDS-12J。

基本功能：在高电压条件下，能测量电流、电压、有功功率、无功功率、功率因数等电参量，以及计量电能量。

（2）预付费型传感器式高压电能表，型号：CGDS-12Y。

1）基本功能：在高电压条件下，能测量电流、电压、有功功率、无功功率、功率因数等电参量，以及计量电能量。

2）断电保护功能：遭遇停电时，表内数据会启动自动保护程序，旨在保证已记录的电能计量数据能够被可靠保存。

3）远程充值功能：简化了抄表过程，使得用户无需前往电费充值中心，在个人的移动终端上便可完成电费充值，方便了供电、用电双方的操作。

4）报警功能：当显示器显示出用户购置的剩余电能量已低于或等于报警电能量时，会给出预报警信号，提醒用户及时预先充值电费；当剩余电量等于零时，会向负荷开关发出动作信号，使其断开供电回路，停止供电，以保护供电方的利益。

5）双向电能量记录功能：能够计量正向和反向有功/无功电能量。

（3）复费率型传感器式高压电能表，型号：CGDS-12F。

1）基本功能：在高电压条件下，能测量电流、电压、有功功率、无功功率、功率因数等电参量，以及计量电能量。

2）复费率功能：内置有多个年时区和日时段表号，包括公共假日日期以及日时段表号，每个日时段表中最多可以设置 12 个时段，每天可以设置 4 种不同的费率。

（4）多功能型传感器式高压电能表，型号：CGDS-12D。

1）基本功能：在高电压条件下，能测量电流、电压、有功功率、无功功率、功率因数等电参量，以及计量电能量。

2）复费率功能：内置有多个年时区和日时段表号，包括公共假日日期以及日时段表号，每个日时段表中最多可以设置 12 个时段，每天可以设置 4 种不同的费率。

3）定时自动抄表功能：具有每月定时自动抄表的功能，并且可以保存 12 个月的月电能量冻结数据。

4）自身运行故障报警功能：当自身运行出现故障时会发出报警，便于技术人员及时解决故障，以免引发事故。

5）关键数据记录功能：可以记录包括负荷曲线，有功最大需量及其发生时间，停电时间和上电时间，失流、失压、断相时的电流、电压曲线等在内的关键数据。

6）关键操作记录功能：可以记录包括编程、需量清零等在内的关键操作。

（5）智能型传感器式高压电能表，型号：CGDS-12Z。

1）基本功能：在高电压条件下，能测量电流、电压、有功功率、无功功率、功率因数等电参量，以及计量电能量。

2）自定义功能：可以根据用户的需求来定制其所需的功能。

三、传感器式高压电能表的技术优势

（1）能减少因高压电能计量设备出现事故而发生电网故障的概率。传感器式高压电能表采用一体化设计，易于在其内部添加保护回路，从而使得电流、电压变换装置的弱信号侧的短路、开路等故障可及时得到可靠隔离，不会扩大为电网事故。

与传统高压电能计量设备相比，传感器式高压电能表取消了一次侧的多个电流节点，即一次侧不再有大电流发热点，如此，可减少因高压电能计量设备长时间运行发热而导致的供电网故障。而且，传感器式高压电能表取消了电能表内部电流回路的锰铜分流电阻，这就从根源上解决了"烧表尾"问题。

传感器式高压电能表不再使用传统电磁式电压互感器获取电压信号，而是采用电压传感器获取微弱电压信号。电压传感器高电压侧端口呈现几十兆欧量级的纯阻性高阻抗，不显感性，因此，不会因为受到铁磁谐振、高次谐波、操作过电压、雷电冲击电压等因素的影响而引发事故。

传感器式高压电能表可承受 28kV 的相间工频电压和直流电压，与传统高压电能计量设备相比，电压因数有较大幅度提高，绝缘水平显著增强，如此，电网用户末端因变压器空载、电容电压升高而导致的烧电压变换装置的现象明显减少。

上述措施的提出和有效采用，可明显降低高压电能计量设备在供电网中的故障概率，从而可有效提高电网安全运行系数、提升供电电能质量，并降低高压电能计量设备的运行与维护成本。

（2）计量准确且整体误差唯一确定。传感器式高压电能表将高压电流、电压转换装置与电能计量单元做统一设计，其相互之间的接口合理匹配，使其误差减小、电能计量准确度提高。而且，其误差还可通过计量误差软件进行调整，使其具有较好的误差曲线，具体表现为从起动电流到 5 倍额定电流的范围内，其误差曲线几乎是一条平直线。传感器式高压电能表还可以有效减少低负荷时漏计电能量的现象，以及过负荷时互感器饱和导致错计电能量等情况的发生，提升高压电能计量的公平性和公正性。

此外，目前已经研制出高压电能计量设备的检验装置，可以采用测量的方法直接给出包括互感器误差、电能表误差，以及二次回路导线阻抗引起的误差等在内的整体误差。而且，由于传感器式高压电能表采用一体化设计，无后续安装引起的不确定误差，所以，传感器式高压电能表的整体误差可以唯一确定，具体可分为 0.2 级、0.2s 级、0.5 级、0.5s 级、1 级、1s 级、1.5 级、1.5s 级、2 级等若干个准确度级别。传感器式高压电能表的整体误差可唯一确定这一特点，有助于提高其电能计量的准确性。

（3）节约大量资源型材料。制造高压电能计量箱（柜）、电磁式互感器等，均需要大量使用硅钢片、铜、钢、变压器油或环氧树脂等，而这些材料，大多是我国需要大量进口的资源性材料，不仅价格高昂，而且其加工制造的过程中还需要消耗大量能源，容易产生浪费资源性材料和能源的问题。而传感器式高压电能表利用贯穿电子式电流互感器、电压传感器完成对大电流、高电压的采样，可大大减少硅钢片、铜、钢、变压器油或环氧树脂等材料的使用量，并可降低生产制造成本，促进新型高压电能计量设备向绿色环保方向发展。如此，也能解决传统高压电能计量设备报废后固体废弃物多、不环保、安装复杂、管理不便、运维费用高等问题。具体地，与传统高压电能计量设备相比，传感器式高压电能表可节约耗材费用 90％以上，节省安装费用 95％以上，具体数据如表 2-7 和表 2-8 所示。

表 2-7　　　　　　　　　　　　节能节材效益对照

对照项目		高压计量柜	"组合互感器＋电能表"	传感器式高压电能表	比较①	推广传感器式高压电能表后全国节约量②
节能	年耗能	约 1800kWh	约 1800kWh	约 70kWh	节约能源 96％	节约电能量 159.68 亿 kWh
	年耗资	约 1170 元	约 1170 元	约 45.5 元	节约资金 96％	节约资金 92.3 亿元
节材	耗材/台	铜材 35kg；磁性材料 30kg；树脂 50kg；钢材 350kg	铜材 8kg；磁性材料 30kg；树脂 50kg；钢材 20kg	铜材 15kg；磁性材料 0.5kg；树脂 15kg；钢材 3kg	节约铜材 9.5％；节约磁性材料 98.3％；节约树脂 70％；节约钢材 99.1％	节约铜材 31.94 万吨；磁性材料 26.98 万吨；树脂 31.94 万吨；钢材 20.94 万吨
	耗资/台	约 4563 元	约 2187 元	约 370.4 元	节约资金 91.88％	节约材料 386.82 亿元

① 与传统高压电能计量设备（高压电能计量柜、"组合互感器＋电能表"）相比，传感器式高压电能表在耗用能源和材料方面的节约性能。
② 按全国 923 万个高压电能计量点（通过测算得出）计算。

表 2-8　　　　　　　　　　　　产品安装、材料及维护费用对照

对照项目		高压计量柜（元）	传感器式高压电能表（元）	比较①	推广传感器式高压电能表后全国节约费用②（亿元）
安装互感器	材料费	300	300	节约安装费 7400 元（96.1％）	682.78
	施工费	200			
安装采集器、终端及抄表主站	材料费	2000			
	施工费	1000			
安装电能表	材料费	700			
	施工费	500			
安装防窃电措施	材料费	2000			
	施工费	1000			

①与高压电能计量柜相比，传感器式高压电能表在产品安装、材料及维护费用方面的节约性能。
②按全国 923 万个高压电能计量点（通过测算得出）计算。

（4）节能效果明显。传感器式高压电能表将高压电流、电压转换装置与电能计量单元统一设计，能减少转换环节，降低电流、电压转换装置的功率损耗，使传感器式高压电能表从高电压侧端口到显示单元的总功耗小于 8W（不含远传系统用电量），这只相当于一只三相电子式电能表的功耗。与传统高压电能计量设备相比，传感器式高压电能表在自身损耗方面能够节能 96%，具体如表 2-7 所示，即可以大大降低高压电能计量回路的自身功耗。

（5）防窃电性能好。传统高压电能计量设备难以解决窃电问题的主要原因是电能计量回路处于低电压状态，电能计量回路外部连接导线多，外露节点多，如此，不法用户很容易在电能计量回路上做手脚，造成电能量的流失。针对于此，传感器式高压电能表为实现防窃电功能，在设计制造上采用了全封闭的设计和干式免维护的绝缘结构，即将所有功能单元封闭在同一壳体内，并采用贯穿无接点式接线方式或贯穿单接点式接线方式（上铅封）接入高电压导线，使传感器式高压电能表整体装设在高电压侧，计量得出的电能量数据直接在高电压侧形成，然后通过 RS-485 或 RS-232 输出接口、光纤、载波、无线透传、远红外通信、GPRS、ZigBee、短信等通信方式传回主站。如此，既可以保护传感器式高压电能表使其免受外部强磁场的干扰，又能够在不额外增加防窃电措施和成本的情况下，有效防止窃电现象的发生。

（6）便于安装及管理。传感器式高压电能表不仅可以直接替代传统高压电能计量设备完成电能计量功能，而且具有体积小、质量轻、节点少、电能量直读、安装使用方便（具有贯穿无接点式或贯穿单接点式两种接线方式以及多种安装方式）、不会出现错变比以及误计算等问题，以及通信方式多样（RS-485 或 RS-232 输出接口、光纤、载波、无线透传、远红外通信、GPRS、ZigBee、短信等），无需另加防窃电措施等一系列优点。此外，如图 2-32 所示，传感器式高压电能表的通信端口采用防水插座，可保证其在雨雪天气也能正常、可靠地工作。

图 2-32　高压电能表底座上安装的防水插座

四、传感器式高压电能表的主要技术指标

传感器式高压电能表的主要技术指标有：①高电压侧额定电流范围为 0～

1000A；②高电压侧额定电压为 6、10、20、35kV；③绝缘水平为 12/42/75kV；
④耐压类型为直流电压、工频电压、倍频电压；⑤额定频率为 50Hz；⑥最大功
耗为 8W（12W）；⑦准确度为 0.5S 级、0.2S 级；⑧环境温度范围为 −40～
55℃；⑨下行通信规约为 DL/T 645—2007《多功能电能表通信协议》；⑩上行通
信规约为 Q/GDW 1376.1—2013《电力用户用电信息采集系统通信协议　第 1 部
分：主站与采集终端通信协议》。

五、传感器式高压电能表的接线方式

被测高电压导线从传感器式高压电能表中空凸起处的通孔中穿过有两种接线
方式，分别被称作贯穿无接点式接线方式，以及贯穿单接点式接线方式，具体如
图 2-33 所示。

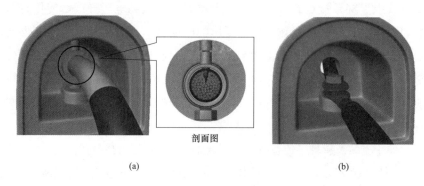

剖面图

(a)　　　　　　　　　　　　　　(b)

图 2-33　传感器式高压电能表接入被测高电压导线的两种接线方式
(a) 贯穿无接点式；(b) 贯穿单接点式

贯穿无接点式接线方式，是指高电压导线直接穿过传感器式高压电能表中空
凸起处的通孔，将顶针式电压取样环上的取样螺钉旋紧，顶针针尖刺破高电压导
线的绝缘皮后，就会接触到其中的铜导线，实现电压传感器与被测高电压导线的
并联。采用贯穿无接点式接线方式，不仅可省去铜片及垫片，节省原材料，而且
因为不采用传统螺栓式接触点，所以不会产生高电压导线裸露、接触点发热等现
象，可避免打火事故的发生，因此，既适用于负荷较轻的配电线路，也可用于负
荷电流较大的配电线路。

而贯穿单接点式接线方式，是指传感器式高压电能表的中空凸起处通孔内设
置有螺栓，以用于将被测高电压导线压接到传感器式高压电能表的指定位置，将
螺栓旋紧后，即可实现电压传感器与被测高电压导线的并联。由于存在接触点，

因此贯穿单接点式接线方式仅适用于负荷较轻的配电线路。

由上述内容可知，图 2-33（a）所示贯穿无接点式连接方案无需截断被测高电压导线，如此，减少了发热点，降低了事故发生率，既适用于高电压导线负荷电流较大的情况，也适用于高电压导线负荷电流较小的情况。相比之下，图 2-33（b）所示的贯穿单接点式的优势是连接更为方便，但因为存在螺栓式接触点，导致其通过较大的负荷电流时发热比较严重，易引发事故，所以贯穿单接点式仅适用于高电压导线负荷电流较小的情况。

我国第一台传感器式高压电能表于 2005 年挂网使用，由山东计保电气有限公司研制，至今仍运行状态良好。目前，该公司研制的传感器式高压电能表挂网运行 10 年以上的产品有 21 台；8 年以上的有近百台；5 年以上的近千台。这些已经挂网运行的传感器式高压电能表，分别被安装在山东、云南、广东、重庆、贵州、江西等省（直辖市），包括在户内和户外的强磁场干扰（例如电炉变压器中漏磁严重时，电磁环境尤为恶劣）、化工厂等多种恶劣的环境中，均在正常运行。从挂网运行情况看，传感器式高压电能表的确克服了传统高压电能计量设备的诸多缺陷和不足，实现了节能节材、安全可靠、免维护、防窃电等目标，其技术优势已经得到了行业专家和客户的一致认可。

第五节　高压电能表的其他种类举例

本节介绍两款其他种类的高压电能表，对它们的工作原理、功能、主要技术参数、适用范围，以及安装实例等进行简单介绍，以使本书读者对高压电能表有更深刻、全面的认识和理解。

一、采用组合式互感器的三相三线制高压电能表

1. 概述

采用组合式互感器的三相三线制高压电能表，主要由电流传感器、电压传感器、单相电能计量芯片、微控制单元、第一通信单元和第二通信单元等构成，其原理框图如图 2-34 所示。其中，电流传感器用于测量 A 相和 C 相的电流；电压传感器用于测量 A 相与 B 相、C 相与 B 相之间的线电压。电流传感器和电压传感器可带电安装，其输出端接单相电能计量芯片；单相电能计量芯片的输出结果送入微控制单元；第二通信单元用于实现微控制单元与用电管理系统之间的通信；第一

通信单元用作检验和调试维护接口，以及用于两个计量模块的微控制单元之间的通信，两个计量模块结构相同、相互配合安装在三相三线制配电线路上。

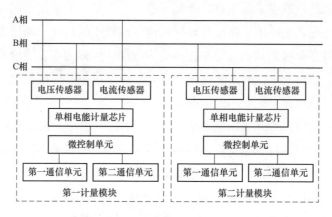

图 2-34　采用组合式互感器的三相三线制高压电能表的原理框图

2. 功能

采用组合式互感器的三相三线制高压电能表主要具有如下功能。

（1）可以计量分相及合相正向、反向有功电能量，四象限无功电能量，正向、反向视在电能量。

（2）可测量分相瞬时电压，分相及合相的瞬时有功功率、瞬时无功功率、瞬时视在功率、功率因数、相位及频率。

（3）可计量分相及合相正向、反向有功需量，四象限无功需量，正向、反向视在功率需量，可测量基波、谐波电能量。

（4）具有温度补偿功能的百年时钟，而且其误差小于 0.5s/天。

（5）可实现分时复费率电能计量，根据 DL/T 645—2007《多功能电能表通信协议》中 5.1.1.4 的规定，支持 8 个时段、14 个日时段、14 个年时区、周休日和 254 个公共假日的 4 种不同费率的分时电能计量。

（6）支持定时、瞬时和即时冻结数据，能够保存 12 个月的电能量和最大需量数据。

（7）可记录编程、需量清零、校时等人工操作。

（8）可记录失流、失压、断相、电流不平衡、电压不平衡、逆相序、过负荷、掉电等运行事件。

（9）最多可同时记录 6 条负荷曲线，最大可配置 16Mbits 存储空间。

（10）具有 ZigBee 无线通信接口和光纤通信接口。

（11）其通信规约符合 DL/T 645—2007《多功能电能表通信协议》。

3. 主要技术参数

采用组合式互感器的三相三线制高压电能表具有以下主要技术参数。①工作电流规格为 5、10、15、20、30、40、50、75、100、150、200、300、400、500A；②额定电压为 10kV；③正常工作电压范围为 $0.8\sim1.2U_n$；④工频耐压为 42kV；⑤雷电冲击耐压为 75kV；⑥工作频率范围为（$50\pm5\%$）Hz；⑦功耗＜5VA；⑧电能计量准确度为有功电能 0.5S 级、无功电能 2 级；⑨二次输出准确度等级为 TV0.2、TA0.2S；⑩额定二次输出（个别型号）为 TV15VA、TA15VA；⑪正常工作温度为－25～55℃；⑫极限工作温度为－40～85℃；⑬环境湿度≤85%；⑭日计时误差≤0.5S（23℃）；⑮停电数据保持时间为 10 年；⑯局部放电＜50pC；⑰污秽等级为Ⅳ级。

二、10kV 柱上型高压电能表

1. 概述

10kV 柱上型高压电能表是针对 10kV 配电网户外的电能计量需求而设计的，针对传统高压电能计量设备的诸多缺点进行了多项改进，采用电子式互感器和传感器等实现电流、电压采样，并且使电流、电压采样及电能计量等功能全部在位于高电压侧的表体之中实现，符合 GB/T 32856—2016《高压电能表通用技术要求》中对高压电能表的定义。

2. 功能

10kV 柱上型高压电能表能直接满足准确度要求地计量 10kV、大电流系统的正反向有功电能量、四象限无功电能量、分时电能量、需量、需量发生时间等基本计量数据，同时，可对有功功率、无功功率、电流、电压、功率因数和频率等用电参数进行实时测量和监控，并能够记录故障报警、负荷曲线、失流、失压、过载、逆相序、编程操作等事件。10kV 柱上型高压电能表具有如下功能特点。

（1）采用计量误差整体准确度对其进行标定，电能计量的准确度较高。

（2）电能计量、数据存储均在高电压侧完成，防窃电性能优越。

（3）表体质量不足 10kg，即轻便小巧，如此可降低安装时现场施工难度和停电作业时间。

（4）高电压侧的表体完成电能计量所有功能，低电压终端采用通用国网集中器，高电压表体与低电压终端之间采用无线通信，可降低通信线路现场作业难度和接线错误率。

（5）设有备用电源解决方案，可保证低电压终端失电时仍能得到稳定的电源供电。

（6）符合 GB/T 32856—2016《高压电能表通用技术要求》、Q/GDW 1354—2013《智能电能表功能规范》、Q/GDW 1376.1—2013《电力用户用电信息采集系统通信协议：主站与采集终端通信协议》等标准的要求。

3. 主要技术参数

10kV 柱上型高压电能表具有如下主要技术参数。①工作电流规格为 50～600A；②电流扩大倍数为 1.2 倍；③额定电压为 10kV；④正常工作电压范围为 0.8～1.2U_n；⑤工频耐压为 42kV/1min；⑥雷电冲击耐压为 75kV；⑦工作频率范围为（50±5%）Hz；⑧设备的总功耗＜5VA；⑨电能计量准确度为有功电能 0.5S 级、无功电能 2 级；⑩正常工作温度范围为 −40～70℃；⑪局部放电＜20pC；⑫外绝缘污秽等级为Ⅳ级；⑬测量制式为三相三线；⑭通信协议为 DL/T 645—2007《多功能电能表通信协议》；⑮表体质量为 5.2kg（高电压表体）；⑯整体质量为 13kg（含全部配件）。

4. 适用范围

10kV 柱上型高压电能表主要适用于以下环境：①在户外环境下可计量 10kV 配电网电力负荷耗用的电能量。②用于线损检测分析。③解决专用变压器用户的窃电问题。④用于配电网自动化一、二次融合。

第六节　具有电能计量功能的智能型高压电气开关设备

本节通过现存问题分析、技术进步趋势展望、概念描述、原理阐释和图解示意等，较全面地介绍融入高压电能计量新技术、具有电能计量功能的智能型高压电气开关设备的基本原理、功能、特点以及主要技术指标。

一、满足智能电网建设需求的新型高压电气开关设备

高压电能表的一体化设计思想以及基于它所形成的高压电能计量新技术、新设备，由于体积小、质量轻，嵌入式操作简单，可拓展到新型高电压设备的研发上，即通过将电能计量功能巧妙地嵌入高电压设备，并智能化地开展测量、控制

及保护，可与主控系统联合构建电力物联网。例如，将高压电能计量新技术融入高压电气开关设备或变压器进行一体化设计，构成智能型高压电气开关设备或智能型变压器，能够使高压电气开关设备或变压器在保有原功能基础上，增加高压电能计量的功能。这种集成多项高压电气设备功能于一体的做法，有助于实现高压电气设备性能的提升，并可节约制造资源和装设空间。

需要说明的是，与在高压电气设备外部添加互（传）感器的做法不同，这里的一体化设计，是将互（传）感器安装在高压电气设备内部，进而全面感知电网中高压电气设备的运行状态，是真正实现配电设备一、二次融合，使基于电网的数据流、业务流与能源流共同构成"三流合一"，将电力物联网建设落到实处的一种创新做法。

从另一方面来看，传统高压电能计量设备为实现电能计量功能，需要配置电磁式电流互感器、电磁式电压互感器以及电能表等功能模块；而现有的高压电气开关设备，为给出动作信号，也需要配置相应的电磁式电流互感器、电磁式电压互感器以及数据处理单元。如此可见，独立地制造、生产并配置这些电气设备，无疑会造成电磁式互感器等功能模块的重复配置。而且，传统高压电能计量设备还存在着由原理局限导致的、无法从根本上解决的诸多问题，包括耗能高、耗材多、安装复杂、无法杜绝窃电现象、误差特性曲线差且不能唯一确定等，以及其所用的电磁式电流互感器易发生铁芯饱和导致无法准确计量电流值，而电磁式电压互感器则易产生电磁谐振、高次谐波、操作过电压等安全问题。针对于此，山东计保电气有限公司研制出一款集开关控制与电能计量功能于一体的智能型高压电气开关设备，并已在相应现场安装和使用。结果表明，使用这种智能型高压电气开关设备，不仅可以解决上述问题，而且能够克服现有高压电气开关设备和现有高压电能计量设备因存在连接点和发热点、容易造成电力故障，以及为实现多路电能计量需占用大量安装空间等缺陷。

二、智能型高压电气开关设备的基本结构

智能型高压电气开关设备的原理框图如图 2-35 所示，具体包括开关设备、取样单元（包括高压电流取样装置和高电压取样装置）、取源单元、电能计量单元以及无线通信单元等。具体实现上，它就相当于将原高压电能计量设备的取源单元、高压电流取样装置、高电压取样装置、电能计量单元以及无线通信单元等，都嵌入到了高压电气开关设备的内部，巧妙利用高压电气开关设备的绝缘实

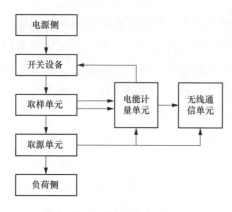

图 2-35　智能型高压电气开关
设备的原理框图

现电气隔离。如此，利用高压电流取样装置（例如贯穿电子式电流互感器），从高电压导线获取与负载电流成正比的毫安级电流信号；采用高电压取样装置（例如电压传感器），从高电压导线获取与负载电压成正比的毫伏级电压信号；将电流信号和电压信号输入电能计量单元，完成对信号的分析处理和电能计量。将电能计量单元的输出信号送至无线通信单元，可经无线方式发送出去。同时，可根据电能计量单元的计算结果去确定是否应向高压电气开关设备发出动作信号；所用高压电气开关设备，可以是高压断路器或负荷开关等，从而构成具有不同开断能力的智能型高压电气开关设备。利用 I/P 供电回路，为其中的电能计量单元和无线通信单元供电。

智能型高压电气开关设备的实物如图 2-36 所示。与目前常用的传统高压电能计量设备相比，智能型高压电气开关设备具有能耗低、可靠性高、安全系数高、防窃电、免维护、可节约大量资源性材料等优点。由现场测试数据可知，与原有高压电气开关设备相比，每台智能型高压电气开关设备铜材料消耗降

图 2-36　智能型高压电气开关设备实物

低 34.85kg；磁性材料消耗降低 29.5kg；树脂消耗降低 40kg；钢材料消耗降低 347kg；还可减少占地空间 1m³；可以省去传统高压电能计量设备的安装费用 7000 余元；由高压电能计量设备故障等引发电网事故的概率可以降低约 90％；每年可节约电能量约 1752kWh，即能够产生十分可观的经济效益和社会效益。

三、智能型高压电气开关设备各功能模块简介

1. 取样单元和取源单元

智能型高压电气开关设备的取样单元，包括高压电流取样装置和高电压取样

装置两部分。高压电流取样装置可采用贯穿电子式电流互感器，高电压取样装置可采用电压传感器。取源单元可用 I/P 电流取源装置或 U/P 电压取源装置。

有关智能型高压电气开关设备在三相四线制配电系统和三相三线制配电系统中的接线方式，请参见本章第二节中贯穿电子式电流互感器和电压传感器在三相四线制配电系统和三相三线制配电系统中的接线方式。

2. 电能计量单元和无线通信单元

嵌入高压电气开关设备的电能计量单元的原理结构及其与无线通信单元的电气连接示意如图 2-37 所示。其中，电能计量单元又包括 A/D 转换和数据处理两部分。将高压电流取样装置取得的毫安级电流信号和高电压取样装置取得的毫伏级电压信号分别输入给电能计量单元，经 A/D 转换得到数字信号，随后送入数据处理单元完成电能量计算。数据处理单元中，还有数字补偿芯片，其中内嵌有补偿软件，用于对所取得的电能量进行数字化补偿和误差修正。电能计量单元的输出，一路作为驱动信号送至高压电气开关设备的动作机构，以控制开关的通断；另一路作为电能计量及远程监控信号送至无线通信单元。无线通信单元负责将电能计量单元输出的数据信号传输到主站以便于后续应用。

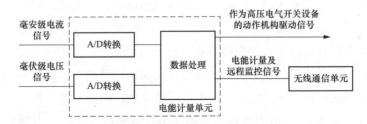

图 2-37　电能计量单元的原理结构及其与无线通信单元的电气连接示意

四、智能型高压电气开关设备的功能

智能型高压电气开关设备将传统高压电气开关与电能计量、智能控制等功能模块进行一体化整合，因此，除具备传统高压电气开关的功能外，还增加了双向电能计量、高准确度电能计量、电压电流测量、预付费管理、费率控制、智能控制、远程控制、数据冻结、事件记录、故障方向判断、故障定位、与主站开放式连接等多种功能。

1. 预付费管理

由于智能型高压电气开关设备具备电能计量功能，所以能够计算用户消耗的电能量。如此，添加预付费管理功能单元后，便可根据预付电费计算可供电能量，并将其与计量到的已用电能量进行比较。该结果，一方面被输出显示，另一方面可作为智能型负荷开关动作机构的驱动信号，用于控制其闭合或断开，从而实现电费充足时正常供电、电费低于某数值时提醒用户充值、拖欠电费时自动停电等功能。

2. 智能控制

智能型高压电气开关设备的智能控制功能，主要通过设置上位机来实现，两者的通信单元之间通过无线方式相连接。上位机可同时采集多台智能型高压电气开关设备电能计量单元的输出信号，随后对其进行计算、汇总、对比和分析处理，并且将处理结果加以显示、保存及传输。因此，借助无线通信功能，电力管理部门对电能质量进行监控与管理的能力便被延伸到高压配电线。同时，智能型高压电气开关设备还可根据电能计量单元的输出信号确定是否向其中的控制开关发出动作信号。此外，智能型高压电气开关设备还可提供开口三角电压信号，用以实现保护和故障分析功能。

五、智能型高压电气开关设备的特点

智能型高压电气开关设备的特点主要体现在以下几个方面。

(1) 将实现高压电能计量所需的取样单元、取源单元、电能计量单元和无线通信单元成套设计在一起，并整体地嵌入到高压断路器、高压电气开关设备柜、环网柜等高压电气开关设备的内部，从而实现控制开关闭合、断开的同时，还能够直接提供并发送运行中的配电系统电能质量参数、电能计量参数，而无需再配套电能计量（电能表）、电能量监控管理等装置或系统，顺应了电网控制系统通过装设智能电气设备实现自动化的需求。

(2) 智能型高压电气开关设备可用贯穿电子式电流互感器测量大电流，将被测高电压下的大电流直接转换为适于电能计量芯片接收的毫安级电流信号；用贯穿电子式电流互感器替代传统的电磁式电流互感器和电能表内部的锰铜分流器，可以自然地取消后两者之间的电流连接点，如此，就可简化电流测量回路的构成，能避免因接触电阻引起的发热和测量误差变化，因而可提高电流变换单元的安全性和测量准确度。

智能型高压电气开关设备可采用电压传感器测量高电压，这使得电能计量和开关动作控制直接在高电压侧完成，无铁磁谐振问题，也不需要像采用传统的电磁式电压互感器那样，还得在低电压侧进行数据处理。

（3）由于贯穿电子式电流互感器和电压传感器本身体积较小，并且将其嵌入高压电气开关设备时还可利用高压电气开关设备原有的绝缘设施，因此，可以做到在原断路器、高压电气开关设备柜、环网柜等高压电气开关设备外形尺寸和结构不变的前提下，将小型化设计后的取样单元嵌入到高压电气开关设备内部，并以贯穿或跨接方式进行合理布置。

（4）智能型高压电气开关设备省去了常规的采用分体独立式布置的电磁式电流互感器、电磁式电压互感器，不必另外使用箱体，从而可以节省安装空间、节约制作材料、降低制造成本，而且无电噪声和电晕声、环保性能好，也便于安装、使用和维护。

（5）将实现高压电能计量功能所需要的多个单元进行一体化设计，并整体嵌入智能型高压电气开关设备内部时，可以充分利用其原有的绝缘设备，即不再需要另外设置主绝缘。而且，采用无线通信方式输出信号这一方案，能实现高压与低压之间真正的电隔离，从而巧妙解决了高压传输系统中传输与隔离的矛盾。

（6）智能型高压电气开关设备可采用软件对电能计量单元的输出结果进行补偿，如此，可提高电能计量的准确性和高压电气开关设备控制功能的稳定性。

（7）在智能型高压电气开关设备的电能计量回路中还串联有补偿装置，根据实时采集的电流数据可自动判断应该投切的补偿模块。此外，补偿装置中设有增益放大器，从而可以适应电能计量回路阻抗的变化，实现补偿装置与电能计量回路动态匹配，提高系统的动态特性。

智能型高压电气开关设备是一种适应智能电网发展趋势的新型电气设备，它既保留了传统高压电气开关设备的原有功能，又增加了电流测量、电压测量、电能计量等多种功能，且还未增加体积，完全可以替代配电网中现有的"高压电气开关设备和传统高压电能计量设备"，使配电网二次设备实现了简化电路、降低能耗、节约资源性材料、减少占地空间、减少线路泄漏电流、减少故障概率等目标，满足智能电网建设提出的自愈、激励、保护、抵御攻击等要求，能实现主控设备的智能化电能计量、测量、事件记录、故障判断、数据采集，是通过一、二次融合技术满足电力物联网要求的新型高电压设备。

六、智能型高压电气开关设备主要技术指标

山东计保电气有限公司研发生产的 10kV 智能型高压电气开关设备的主要技术指标为：①额定电流为 400/630A；②额定电压为 10kV；③额定频率为 50Hz；

④额定短路开断电流为 16/20kA；⑤额定峰值耐受电流（峰值）为 40/50kA；⑥额定短时耐受电流为 16/20kA；⑦额定短路开断电流开断次数为 30 次；⑧机械寿命为 10000 次；⑨额定电流开断次数为 10000 次；⑩工频耐压（1min）为 42/48kV；⑪雷电冲击耐受电压（峰值）为 75/85kV（断口）；⑫二次回路工频耐压（1min）为 2000V。

第七节　具有电能计量功能的智能型变压器

本节通过现存问题分析、技术进步趋势展望、原理阐释和图解示意等，详细阐述具有电能计量功能的智能型变压器的基本工作原理、功能实现、规格与分类，以及接线方式。

一、适应智能电网建设需要的新型变压器

目前，围绕智能电网建设的不少课题和任务，都是基于现有电力设备的，有的是对现有电力设备进行一定程度的技术改进，有的是通过构成数据网络等，实现不同程度的自动化。但如果从电力设备制造的角度看智能电网建设，则应该以实现电网的可靠、安全、经济、高效、环境友好为目标，重新审视并改造现有的电力设备。

电力变压器是电力系统中的关键设备之一，目前，"高供高计"用户使用的变压器，每套都配有 2～3 只电磁式电流互感器、2～3 只电磁式电压互感器，以提供测量、计量和保护信号；然后，利用电流表、电压表、电能表等测算并显示其量值，并使用继电器完成保护功能。但是，根据本书第一章第一节的内容可知，基于电磁式电流互感器、电磁式电压互感器的传统高压电能计量设备，存在体积大、质量大、耗材多、耗能高、误差特性曲线差、综合误差不能用于标定整个系统的准确度等级、可靠性较低、事故多、难以遏制窃电现象，以及管理不便等诸多缺陷和不足。

为了消除上述缺点和问题，电气行业制造商研发出了许多种新型的电力设备产品。但是，由于各个电力设备仍是独立设计、分别生产，它们之间的相互兼容性差，推广应用现状不尽如人意。所以，研究开发安全可靠、性能稳定、损耗低、体积小、成本低、电磁兼容性能好，以及安装、使用、维护、周期检验方便，并且具有防窃电功能的新型高电压设备，一直是从业人员努力的目标和关注的焦点。

山东计保电气有限公司研制出一种集测量、计量、保护功能于一体的智能型变压器，可以很好地解决上述问题。这款智能型变压器是基于配电设备一、二次融合的原则设计制造的，它将计量、测量、保护用互感器以及相应的电能计量单元、保护控制单元、通信单元、性能分析单元等与变压器做一体化设计，可以实现对测得数据的就地化处理，避免上传大量常规、无异常数据，可做到智能监控、节能降耗，提高电力设备的安全运行系数，是符合电力物联网设计理念的一款新型高电压设备。

二、智能型变压器的工作原理

1. 智能型变压器的整体结构

智能型变压器的原理框图如图 2-38 所示。可见，在智能型变压器内部的变压器一次线圈各相（或两个边相）靠近中性点处，均设置有一个或多个电流互感器，由它们可分别提取出满足计量、测量或保护需要的电流信号。把智能型变压器内部的变压器一次线圈看作高压分压器，从它的各相（或两个边相）绕组靠近中性点处抽出相应的分压线圈（可用分接开关抽头），分压线圈的输出端连接电子式电压互感器，进而提取出满足计量、测量、保护需要的电压信号。电子式电流互感器、电压互感器的输出信号，连接至电流表、电压表，可以显示电流、电压的量值；连接至电能计量单元，就可实现对高压电能的计量；而连接至保护单元，则可以实现保护功能。

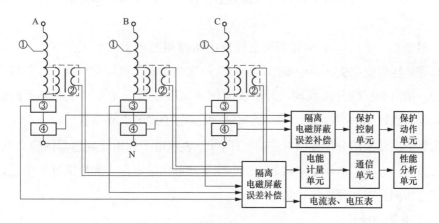

图 2-38　智能型变压器的原理框图

①—变压器的一次线圈；②—电子式电压互感器；

③—电子式电流互感器（计量、测量用）；④—电子式电流互感器（保护用）

电子式电流互感器、电子式电压互感器安装在智能型变压器内部的变压器一次线圈的靠近中性点处，即正常情况下，它们就工作在低电压下。但是为了防止线路故障状态下中性点可能出现的高电压和电网中过电压冲击等影响，提高安全运行系数，则有必要按照智能型变压器内部的变压器一次线圈的电压等级，对电子式电流互感器、电压互感器进行高压绝缘处理，以切实实现高、低电压的可靠隔离，使其能够适应电力系统工作电压下各类浪涌电压的冲击。以 10kV 供电电压为例，绝缘配合电压为 12/42/75kV。为了使计量、测量、保护信号不受周围环境电磁干扰的影响，需要对智能型变压器中的电子式电流互感器、电子式电压互感器进行电磁屏蔽处理。为了满足计量、测量、保护对信号准确性的要求，还需要对输出的电流、电压信号进行误差补偿。

电子式电流互感器、电子式电压互感器的输出端，可采用"Y-y"接线方式、"D-d"接线方式、零序或开口三角等多种接线方式，具体可根据需要任意选择，或进行组合，以适应计量、测量、保护等应用的不同要求。此外，在智能型变压器各功能单元的安装上，不能影响其中变压器部分的各项参数，并应确保各项验收试验的顺利、正常实施和进行。

2. 计量、测量电流和电压信号的取样

在智能型变压器中，采用本章第一节所述的电子式电流互感器获取计量、测量用电流信号，其输出信号用于供给电流表或电能计量单元，以实现电流测量或高压电能计量。有关电子式电流互感器的工作原理，请参见本章第一节的相关内容，这里不再赘述。

图 2-38 中的②，表示智能型变压器中所使用的电子式电压互感器，它的工作原理是将智能型变压器中变压器部分的一次线圈看作高压分压器，在其特定的位置，抽出相应的分压线圈，分压线圈的输出端连接电子式电压互感器的输入端，按匝数比 $K_U = N_1/N_2 = U_1/U_2$（U_1 表示电子式电压互感器的输入电压，即变压器一次线圈的分压线圈对应的电压，U_2 表示电子式电压互感器的输出电压）取出电压。电子式电压互感器的输出电压信号可供给电压表和电能计量单元，以实现电压测量或高压电能计量。

3. 电能的计量

智能型变压器实现电能计量的原理与图 2-28 所示的传感器式高压电能表的电能计量原理相同，这里不再赘述。

4. 空载损耗实验

对智能型变压器进行空载损耗试验，得到空载损耗的实测数据如表 2-9 所示。由表 2-9 可见，集成了"变压＋电能计量"这 2 项功能的一体化智能型变压器与单纯的变压器的空载损耗相差不大；而从实现高压电能计量功能角度看，相比传统高压电能计量设备，智能型变压器并没有使用电磁式互感器，也就减少了多只电磁式互感器的耗能，因而其节能效果是十分明显的。

表 2-9　　　　　　　　智能型变压器空载试验的空载损耗实测数据

试验条件	空载损耗（kW）		
	A 相	B 相	C 相
不带互感器	133.7	129.25	133.75
带电压互感器	136.85	132.35	137
带电流互感器	136.85	132.35	137
差值	3.15	3.10	3.25

5. 电流、电压量值的显示

如果需要单独显示测得的电流数值，可以对智能型变压器中的电子式电流互感器增加相应的绕组，进而按电流变比接上毫安表（不用分流电阻的电流表），即可显示电流数值。而如果需要单独显示测得的电压数值，则可以对智能型变压器中使用的电子式电压互感器增加相应的绕组，按电压变比接上电压表，即可显示电压数值。

6. 保护电流的取样

在智能型变压器的制造上，可以选用罗戈夫斯基线圈作为保护用电流互感器。罗戈夫斯基线圈的输入电流即为智能型变压器高电压侧的电流，当该电流达到需要保护设备动作的量值时，罗戈夫斯基线圈的输出端会产生相应数值的电压，接收到该电压后，保护控制单元会及时发出信号，以使保护设备动作。故障保护电流的动作值，可以根据实际的需要加以设定。罗戈夫斯基线圈的工作原理如图 2-39 所示。

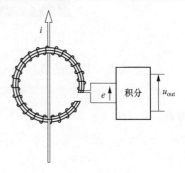

图 2-39　罗戈夫斯基线圈的
工作原理

由本章第一节和图 2-39 可知，罗戈夫斯基线圈的输入为智能型变压器的一次电流，其输出电压与被测电流的时间导数成正比，因此，需要利用电子线路或数字积分器对其输出电压进行积分，才能得到与一次电流成正比的信号。罗戈夫斯基线圈没有铁芯，所以不存在铁磁饱和问题，不受剩磁等现象的影响，因此其输出具有很好的线性特征，可以提高保护性能。

7. 保护回路的构成

配电变压器的保护有多种形式，常用的有纵差动保护、电流速断保护、相间短路故障的后备保护、接地保护和过负荷保护等。因此，对于智能型变压器中用于保护的罗戈夫斯基线圈的输出，也就有多种连接方式，旨在适应采用不同保护方法的实际需要。常用的有"Y-y"、零序或开口三角等接线方式，在连接到保护控制单元后，可以实现对智能型变压器的可靠保护。

智能型变压器的实物如图 2-40 所示。智能型变压器将电流测量单元、电压测量单元、电能计量单元、保护用互感器以及相应的保护控制单元、通信单元等，与传统的变压器进行一体化设计并制造，实现了对测得数据的就地化处理或开放式召测，避免了大量常规、无异常数据的不必要上传，实现了对变压器运行状态的智能监控，降低了电能消耗，提高了相应电气设备的安全运行系数。

图 2-40　智能型变压器的实物

8. 智能型变压器的规格与分类

根据所用电子式电流互感器量程的不同，研制生产的智能型变压器共分为 3 种规格：①2.5～30A，用于 160kVA 及以下的供电变压器；②5～60A，用于 200～800kVA 的供电变压器；③15～180A，用于 1000kVA 及以上的供电变压器。

根据电子式电流互感器、电子式电压互感器、电能计量单元、保护控制单元及通信单元等与传统变压器进行一体化设计时构建方案的不同，智能型变压器又可以分为高压外置式、高压内置式、高压套管一体型、低压外置式、低压内置式、低压套管一体型等 6 个类别，旨在满足不同的工程需求。智能型变压器在许多工程实践中的运行经验表明，它的确具有优良的电气性能，使用它替代传统的变压器和传统高压电能计量系统，不仅能确保供电系统的安全可靠运行，还能够产生显著的经济效益。

三、智能型变压器的接线方式

1. 在三相四线制配电系统中的接线方式

智能型变压器在三相四线制配电系统中的接线方式如图 2-41 所示。需要 3 只电子式电流互感器和 3 只电子式电压互感器完成对电流信号和电压信号的采样，所得信号经电能计量单元处理后，送给显示单元进行显示。

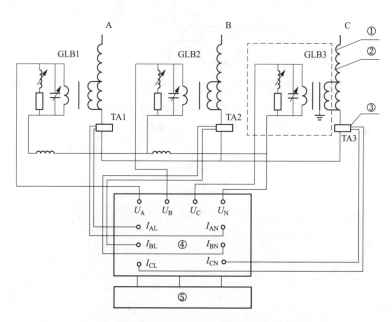

图 2-41　智能型变压器在三相四线制配电系统中的接线方式

①—变压器一次绕组；②—电子式电压互感器；

③—电子式电流互感器；④—电能计量单元；⑤—显示单元

2. 在三相三线制中性点不接地系统中的接线方式

智能型变压器在三相三线制配电系统中的接线方式如图 2-42 所示。采用"两功率表法"计量电能，需要 2 只电子式电流互感器和 2 只电子式电压互感器完成对电流信号和电压信号的采样，所得信号经电能计量单元处理后，送给显示单元进行显示。

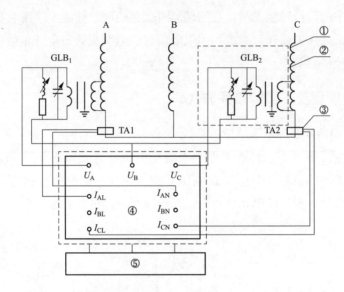

图 2-42　智能型变压器在三相三线制配电系统中的接线方式

①—变压器一次绕组；②—电子式电压互感器；

③—电子式电流互感器；④—电能计量单元；⑤—显示单元

第三章 高压电能计量设备的检验

第一节 传统高压电能计量设备的检验

本章将详细阐述高压电能计量设备的综合误差的检验方法，以及基于高压电能计量设备检验装置构建的整体溯源体系。本节则重点介绍综合误差检验方法的原理和存在的问题。

一、传统高压电能计量设备的检验方法

保证高压电能计量设备的计量结果准确，满足公平性、公正性的要求，是研制高压电能计量设备的根本性原则。而衡量高压电能计量设备的计量结果是否准确，就离不开对高压电能计量设备的性能进行检验的设备。目前，主要是通过对综合误差的评价，来评估传统高压电能计量设备电能计量结果的准确性。现对综合误差评价的原理和实际操作进行阐述。

传统高压电能计量设备的综合误差（也称综合不确定度），主要用于评估传统高压电能计量设备的整体误差，以方便选取合适准确度等级的传统高压电能计量设备。传统高压电能计量设备的综合误差 γ 是一个理论计算值，具体地，它是由电磁式电流互感器、电压互感器的标称误差（对应于准确度等级）经计算得到的电磁式互感器合成误差、电能表标称误差，以及电磁式电压互感器二次回路压降误差（行业通行做法，是根据电磁式电压互感器二次回路导线的截面积、长度等确定一个约定值）的代数和，即：

$$\gamma = \gamma_{\mathrm{h}} + \gamma_0 + \gamma_{\mathrm{d}} \tag{3-1}$$

式中：γ_{h} 为电磁式互感器的合成误差，%；γ_0 为电能表的标称误差，%；γ_{d} 为电磁式电压互感器二次回路压降误差，%。

鉴于传统高压电能计量设备主要由电磁式互感器、电能表以及电磁式电压互感器二次回路导线组合而成，在工程应用中，为确定所用传统高压电能计量设备

的综合误差是否满足设计该设备时所确定的准确度等级的要求，具体采用分项检验的方法进行评定，即分别检验电磁式互感器、电能表以及电磁式电压互感器二次回路电压降的误差。当确认各分项误差分别满足相应的误差限值后，即认为该传统高压电能计量设备是合格的；而如果有任意一项分项误差超出了其自身的误差限值，就认定该传统高压电能计量设备的准确度等级已不符合设计指标。

二、传统高压电能计量设备检验方法存在的问题

上述根据综合误差来评价高压电能计量设备计量性能的方法存在如下问题。

（1）传统高压电能计量设备的电磁式电压互感器和电流互感器、电能表以及电磁式电压互感器二次回路之间的阻抗匹配不尽理想，导致它们各自的误差也难以唯一确定。而且实际电网电压和电力负荷均具有动态变化特征，所以，电磁式互感器的实际运行误差和电磁式电压互感器二次回路的压降等均不是固定值。因此，将它们视作固定值而算得的综合误差，并不能准确表征传统高压电能计量设备的实际运行误差。

（2）为评估实际综合误差而进行的电磁式互感器误差试验，通常只在设计负荷下实施测试。但理论研究表明，影响电磁式互感器误差的最主要因素就是实际负荷的大小。因此，实验室检验合格的电磁式互感器，并不能保证其在实际应用场合仍满足准确性要求，甚至存在很大误差。

（3）电磁式电压互感器的二次回路也在随着技术发展、新产品出现，甚至继保设备的更换而进行改造，这就使得其实际二次负荷的变化性增大。此外，在很多场合，电能计量和继电保护会共用互感器，因此继电保护设备的更换，也会引起电磁式互感器的负荷发生变化。在一个检验周期内，对由于实际负荷变化带来的计量误差往往无法控制。

（4）国际电工委员会（IEC）确立的评价电工仪器或装置测量性能的基本原则是：对"所有仪表和测量装置的误差，都必须进行实际的测量，未经测量，仅以其他测量中计算出来的和引用电压、电流以及功率因数组合的误差，不能作为评价仪表和测量装置基本误差的依据"。

综合上述多方面原因和存在的问题，依靠分项检验得到的综合误差，其实对传统高压电能计量设备实际整体误差判定的参考意义不大，不宜作为评估传统高压电能计量设备计量性能的核心依据，而且也不符合 IEC 确立的评价电工仪器或装置测量性能的基本原则。

由此可见，研制一种直接在高电压侧计量电能的设备（如传感器式高压电能

表）是十分必要的，并且需要相应地建立一套高压电能计量设备的整体检验系统，以对高压电能计量设备的电能计量性能进行整体检验。只有如此，才能彻底解决高压电能计量设备电能计量性能的合理评估问题。

第二节 新型高压电能计量设备的检验方法

本节简述整体溯源方法及其技术实现方案，并通过概念描述和图解示意，详细阐述基于整体溯源方法构建的高压电能计量设备检验装置的结构、工作原理、功能以及其检验软件的操作流程。

一、整体溯源方法及其技术实现方案

随着智能电网高级量测体系（advanced metering infrastructure，AMI）建设的不断深入，以及分布式能源的大量接入，配电网中需要设置大量高压电能计量点。但是，由上一节的内容可知，目前针对传统高压电能计量设备的综合误差评价方法，在工程应用中难以保证高压电能计量的公平性和公正性。因此，非常有必要对高压电能计量设备的整体性能进行深入、系统的研究，构建其整体误差溯源体系，从而通过实施整体检验，直接得到高压电能计量设备真实、可信的电能计量误差，彻底解决高压电能计量设备的电能计量性能之前一直无法得到直接评估的问题。

在实验室对高压电能计量设备进行整体检验时，首先需要一个标准的高电压大电流功率源，即要有高准确度（幅值、相位等参数以及谐波含量都可以准确控制）、高稳定性的标准电流源和标准电压源，由它们组成标准的三相高电压大电流功率源，来为高压电能计量设备检验装置在检测高压电能计量设备过程中提供稳定、准确的功率源。然后，要根据两者计量得到的电能量去计算被检高压电能计量设备的整体误差 γ：

$$\gamma = \frac{W_r - W_n}{W_n} \times 100\% \qquad (3\text{-}2)$$

式中：W_r 为被检高压电能计量设备计量得到的电能量；W_n 为高压电能计量设备检验装置计量得到的电能量。

而在高压电能计量设备检验装置计量高压电能量值的准确性时，需要向国家高电压计量站建有的国家级高压电能计量标准装置进行溯源。

山东计保电气有限公司基于上述整体溯源思想，申报并获得授权了"高压电能计量设备计量性能的整体检验、测量方法（ZL200510048228.9）"等多项专利技术，研制出了10kV高压电能计量标准装置，突破了10kV高压电能计量设备量值之前一直无法整体溯源的技术难题，实现了对10kV电压等级的高压电能计量设备计量性能的整体检验；并且通过了国家高电压计量站的校验，准确度等级为0.02级，从而构建了10kV高压电能计量的整体溯源体系，有效地解决了传统高压电能计量设备应用过程中曾出现的一系列问题。因此本书以山东计保电气有限公司研制的10kV高压电能计量标准装置为例介绍高压电能计量设备检验装置的工作原理和操作过程。

二、高压电能计量设备检验装置的工作原理

高压电能计量设备检验装置可用于对传统高压电能计量设备、新型高压电能计量设备（如传感器式高压电能表等）和具有电能计量功能的新型高电压设备（如智能型高压电气开关设备）的电能计量误差性能进行整体的检验。

1. 高压电能计量设备检验装置的结构和原理组成

高压电能计量设备检验装置的原理框图和实物分别如图3-1、图3-2所示。装置主要由三相低压程控功率源、三相高电压大电流功率源、标准电能计量子系统和监控子系统4个部分构成。

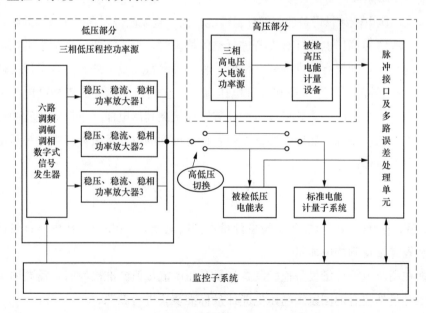

图3-1　高压电能计量设备检验装置原理框图

图 3-2　高压电能计量设备检验装置实物

在高压电能计量设备检验装置中，三相低压程控功率源根据软件设定的参数（信号幅值、相位、频率、输出相数、相序）量值，提供低压三相电流信号和低压三相电压信号。值得注意的是，为保证三相电流信号以及三相电压信号具有很好的对称性，所有信号产生模块均需要采用同一时钟信号和同一起始基准信号。

在高压电能计量设备检验装置中，三相高电压大电流功率源内置有升流器和升压器，能够将三相低压程控功率源输出的低压三相电流信号和低压三相电压信号转换为可供高压电能计量设备检验装置实施检验测试使用的大电流、高电压信号，以便能够更好地模拟被检验的高压电能计量设备在实际运行条件下的工作环境。

在高压电能计量设备检验装置中，标准电能计量子系统包括标准电流互感器、标准电压互感器以及三相标准电能表。通过配置高准确度的电流互感器、电压互感器和三相标准电能表，可以构成准确度等级在 0.02 级的标准电能计量子系统。因此可采用比较法，对被检的高压电能计量设备的整体误差实施检测，直接测量出被检设备的相对误差。

在高压电能计量设备检验装置中，监控子系统的任务主要有以下 3 项：①设有电源控制电路，保证三相低压程控功率源即试验电源能稳定地运行；②构成大电流、高电压信号的反馈回路，以保证三相高电压大电流功率源输出的大电流和高电压信号的各项参数都满足相关指标要求；③实时监测被检高压电能计量设备的运行状态，使其在被检验的过程中，始终处于稳定、正常的工作状态。

图 3-2 所示高压电能计量设备检验装置中的六路调频调幅调相数字式信号发

生器，以单片机和可编程数字逻辑阵列 FPGA 芯片为核心，组成数字合成正弦信号源，输出相序、幅值、相位、频率等三相标准数字电流信号和数字电压信号，其参数可由软件精准控制。这些数字电流、电压信号经 D/A 转换，得到标准的模拟电流、模拟电压信号，再由三组稳压、稳流、稳相功率放大器形成标准的低压三相电流和低压三相电压信号。这些标准的模拟低压信号被提供给三相高电压大电流功率源中的升流器、升压器，进而得到标准的大电流和高电压信号。这些标准的大电流和高电压信号会经过高准确度的高压电流、电压传感器反馈给监控子系统，由监控子系统将标准电能计量子系统测得的电流、电压信号的实际值与设定值进行比较，并根据比较结果设置修正信号并反馈给正弦电流、电压信号源，即利用这一反馈调节过程，使三相高电压大电流功率源输出的电流、电压信号满足相关指标要求。同时，三相高电压大电流功率源内部会采用合相技术，使大电流信号与高电压信号通过同一个运行于高电压状态的端口输出给被检高压电能计量设备，比较标准电能计量子系统给出的电能计量结果与被检高压电能计量设备的电能计量结果，进而得到被检高压电能计量设备的整体误差。此外，经稳压、稳流、稳相功率放大器处理得到的标准低压三相电流和低压三相电压信号，还可用于对低压电能表进行检验，可以通过调节开关，分别实现检验高压电能计量设备和低压电能表的功能。

综上所述，从被检高压电能计量设备角度看，高压电能计量设备检验装置只提供三相回路的接口端子，即该标准装置本质上就是一个三相高电压大电流功率源。但由于采用了合相技术，所以该高压电能计量设备检验装置的输出功率远小于实际配电线路的输送功率，这使得高压电能计量设备检验装置的实现具备技术可行性，同时能明显降低检验成本。

2. 主要技术指标

高压电能计量设备检验装置的主要技术指标如表 3-1 所示。

表 3-1 高压电能计量设备检验装置的主要技术指标

准确度等级	有功电能	0.02 级
	无功电能	0.1 级
电压量程	10kV、35kV	
电流量程	20A、30A、40A、50A、75A、100A、150A、200A、300A、400A、500A、750A、1000A	

续表

准确度等级	有功电能	0.02 级	
	无功电能	0.1 级	
输出电参量调节	电压调节	调节范围	0～120％
		调节细度	0.01％
	电流调节	调节范围	0～120％
		调节细度	0.01％
	相位调节	调节范围	0～359.9°
		调节细度	0.01°
	频率调节	调节范围	45～65Hz
		调节细度	0.01Hz
功率稳定度	≤0.02％/3min		
波形失真度	≤2％		
可同时检验的台数	5（最多可以同时对 5 台高压电能计量设备进行检验）		
供电电源	电压	220×（1±5％）V	
	频率	50×（1±1％）Hz	

三、高压电能计量设备检验装置的功能

1. 高压电能计量设备检验装置的适用范围

（1）可以对按照 GB/T 32856—2016《高压电能表通用技术要求》生产的各种高压电能表进行整体检验。

（2）能够对按照 GB/T 16934—2013《电能计量柜》生产的各种高压电能计量箱（柜）进行整体检验。

（3）能够对由"新型高压组合传感器＋传感器接入式电能表"构成的高压电能计量设备进行整体检验。

（4）可以对由"传统组合式互感器＋低压电能表"构成的高压电能计量设备进行整体检验。

（5）还可对嵌入有高压电能计量功能的智能型高压电气开关设备等一、二次融合设备进行整体检验。

2. 高压电能计量设备检验装置的功能/结构特点

（1）电流量程有多个挡位可以切换，即可根据实际电流选择合适的挡位，以保证高压电能计量设备检验装置整体的计量准确度。

（2）电压量程包括 4 个挡位：57.7V、100V、220V、380V，各挡位量程在 0～120％范围内连续可调，调节细度（最小的调节量）优于 0.01％。

（3）可同时检验 5 台高压电能计量设备，而且允许它们的脉冲常数互不相同。

（4）可以按照相应检验规程的要求，对起动、潜动、基本误差、标准偏差等检验项目实现手工或自动检验，也允许按自主设计的检验方案进行检验，还能够自由选择测量点进行检验。

（5）可以测定电压、频率、逆相序、电压不平衡、谐波等影响量引起的改变量。

（6）能够自动进行数据修约，并输出完整的报表，而且支持自定义报表格式。

（7）通信功能：通过 RS-485 通信接口，能够对有通信接口的多功能电能表进行内存剩余量检查、参数设置、广播命令授时等操作。

3. 高压电能计量设备检验装置的软件功能

由前述已知，高压电能计量设备检验装置是一个由硬件和软件有机组合而成的高压电能计量检验装置，其很多功能的实现，实际是通过运行、操控其中装设的相应算法软件来完成的。这里对高压电能计量设备检验装置的软件部分（后文简称"检验软件"）所能实现的各种功能进行分类，包括基本功能、检验功能、影响量试验、特殊功能、数据管理、报警功能等六部分，它们的主要任务如下所述。应注意的是，检验软件中出现的"表"，是指任一种被检的高压电能计量设备或具有电能计量功能的高电压设备，而非仅单指高压电能表。

（1）基本功能。

1）简便快捷的参数录入。

2）预热试验。预热试验是指在对高压电能计量设备开展试验前，先使其在 20%～50% 的额定负荷下运行并达到热稳定状态，以便于后续试验的开展。

3）起动试验，自动计算各参数。进行起动试验时，检验软件会自动计算起动时间并据此判断起动试验是否合格，起动试验时间的计算方式参见 GB/T 32856—2016《高压电能表通用技术要求》中 8.4.4"起动"。

4）潜动试验，自动计算各参数。开展潜动试验时，检验软件会自动计算潜动时间并据此判断潜动试验是否合格，潜动试验时间的计算方式 GB/T 32856—2016《高压电能表通用技术要求》中 8.4.3"潜动"。

5）基本误差检验。包括有功功率正向误差检验、有功功率反向误差检验、无功功率正向误差检验、无功功率反向误差检验；无功功率还分为三相三线正弦无功、三相四线正弦无功、三元件 $90°$ 无功、两元件 $60°$ 无功等。有关基本误差检验条件、误差限值，请参见 GB/T 32856—2016《高压电能表通用技术要求》中8.1"准确度试验条件"和8.2"电流改变量引起的误差限值"。

6）标准偏差估计值检验。

7）校核常数。检验高压电能计量设备输出单元发出的电能脉冲数与计度器（内置或外置）所指示的电能量变化之间的关系，与铭牌标志的仪表常数值是否一致，具体要求可参照 GB/T 32856—2016《高压电能表通用技术要求》中8.5"仪表常数试验"。

（2）检验功能。多功能检测分2个模块，一个模块支持多种普通协议，另一个模块支持国家电网有限公司 DL/T 645—2007《多功能电能表通信协议》，后者的测试功能更加强大，可以检验协议中规定的各项功能。

1）表通信规约智能检测。检验高压电能计量设备的数据格式是否符合相应协议的规定。

2）表地址（标识号）智能读取。被检高压电能计量设备的地址可以手工输入，也可由高压电能计量设备检验装置自动探测获得。

3）表地址设置。按照规约格式要求输入地址，检验软件会将地址赋给被检高压电能计量设备。

4）通信测试。

5）表密码修改。

6）可以通过检验软件来修改被检高压电能计量设备的校表/设表密码。

7）广播校时。对于和国标时间的差值大于 5min 的被检对象，可进行强制校时。

8）GPS 系统接口。可实现准确对时。

9）日计时误差测试。可以对被检高压电能计量设备的时钟日计时误差进行测试。

10）表内部寄存器数据读写。可以按照规约规定的标识编码和数据格式，设置或读取被检高压电能计量设备的日期、最大需量周期、时区数、日时段数、费率切换时间等数据。

11）时区时段测试和设置。可以对被检高压电能计量设备的时区时段进行测试。

12）需量示值误差测试。可以对被检高压电能计量设备的需量示值误差进行测试。

13）需量周期误差测试。可以对被检高压电能计量设备的需量周期误差进行测试。

14）时段投切误差测试。可以对被检高压电能计量设备的时段投切误差进行测试。

15）组合误差测试。可以对被检高压电能计量设备的有功、无功电能的组合误差进行测试。

16）电能量、需量清零复位。可以对被检高压电能计量设备的电能量、需量信息进行清零操作。

17）走字试验。在规定时间、负载条件下，通过对比被检高压电能计量设备与标准电能表的电能量值，得到被检高压电能计量设备的走字误差。

（3）影响量试验。影响量试验主要包括电压影响量试验、频率影响量试验、电压不平衡试验、逆相序影响试验。影响量试验要求参见 GB/T 32856—2016《高压电能表通用技术要求》中 8.3 "由其他影响量引起的误差限值"。

1）电压影响量试验。

2）频率影响量试验。

3）电压不平衡试验。

4）逆相序影响试验。

（4）特殊功能。

1）检验完毕自动关机。试验完毕后，检验软件会自动退出，并关闭装设有该检验软件的计算机。

2）选择任意点检验。在单相或合相状态下，可以在 $0\sim100\%I_b$（额定电流）范围内选择任意负载电流值进行检验。

3）实时显示相量图。可通过相量图，实时显示当前状态下电压与电流的相角关系。

4）误差稳定性试验。可以对某一个测试点进行连续监控，测试一段时间内被检高压电能计量设备在某一测试点误差的变化情况，而且监控时长、测试点间隔等均可设置。

5）初次检验方案自动配置，并允许用户修改。检验软件内部自带检验方案，用户初次使用时，检验软件会按照被检高压电能计量设备类型自动配置检验方案，而且其中的各项参数均允许用户按实际需求进行修改。

6）检验规程向用户开放，支持自我升级。用户可以自定义检验规程，设置相线、检验点、误差上限等，保存后也能够修改上述参数值。

7）更改电压值。可以在 $0\sim120\%U_\mathrm{b}$（额定电压）范围内选择任意电压值。

8）超差停止。进行自动连续检验误差时，如果当前检验点的误差值超出方案中设定的误差值的上、下限，检验软件会自动停止运行，而且将标准装置输出的电压电流降为零值，以保证操作人员的安全。

9）超时自动忽略。在自动连续检验误差时，如果当前检验点的误差值超出方案中设定的误差值的上、下限，检验软件会一直停留在该检验点，直至该点误差合格，才自动检验下一检验点。

（5）数据管理。检验软件会按照下文中选表操作时设置的表位、资产编号、电能表型号等项目，以表格的形式保存检验数据，保存检验数据时还可以设置检验日期、温度、湿度、检验人员、审核人员等。相关人员可以对数据进行查询，对查询到的记录可以打印、备份、输出。

1）综合查询。可按资产编号、检验日期、电能表型号、检验人员、生产厂家、电能表相线、电能表类型等条件查询检验数据，也可以浏览、打印、备份、输出符合查询条件的检验数据记录。

2）报表打印。可对保存的检验数据进行打印，打印时会先输出至 Excel 表格中再实施打印。

3）记录备份。检验软件可以快速备份当前全部的库记录检验数据，在进行整库数据记录的备份时，还可以进行压缩备份。

（6）报警功能。

1）升压提醒。升压时，红色警示灯亮起，用于警示相关操作人员；此时检验装置已处于高电压工作状态，严禁进入高电压区域。

2）异常警示。输出电流过载、电压过高会引发自动保护动作，并通过声音进行报警。

四、高压电能计量设备检验装置的检验流程

利用高压电能计量设备检验装置检验高压电能计量设备，或者去检验具有电能计量功能的新型高电压设备电能计量性能的操作流程，主要包括系统设置、检验方案设置、选表、检验试验、影响量试验、走字试验、数据管理等 7 项内容，具体的操作执行顺序如图 3-3 所示。

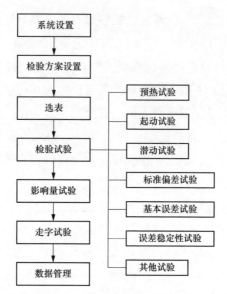

图 3-3　高压电能计量设备检验装置检验软件的操作流程

（1）系统设置，是指在使用高压电能计量设备检验装置对各厂家的产品进行检验前，需要在检验软件中，按照被测设备的实际情况设置那些会影响检验过程的参数，主要包含高压电能计量设备检验装置本体的参数，以及各试验中涉及的一些参数等。此外，安装完高压电能计量设备检验装置的软件后，仅需要进行一次系统设置。

（2）检验方案设置，是指在检验软件中设置对被检高压电能计量设备进行误差检验时要进行的试验项目，主要包含预热试验、起动试验、潜动试验、标准偏差试验、基本误差试验、误差稳定性试验以及其他试验内容。对同一批被检高压电能计量设备，检验方案只需在做首次检验时设置一次即可。

（3）选表，是指在检验软件中设置被检高压电能计量设备的参数，主要包括相线、频率、额定电压电流、准确度等级、脉冲常数、资产编号、出厂编号、接入方式等。选表操作，需要在每次检验前设置一次。

（4）检验试验，是指高压电能计量设备检验装置会按照选定的检验方案执行相应的检验操作，主要包括预热试验、起动试验、潜动试验、基本误差试验、标准偏差试验、误差稳定性试验以及其他试验内容。

（5）影响量试验，是指高压电能计量设备检验装置可以改变输出的频率、电压幅值，以用于测量频率、电压的改变对被检高压电能计量设备的影响。

（6）走字试验，是指在规定的时间内，通过对比被检高压电能计量设备与高压电能计量设备检验装置中三相标准电能表的走字量，计算出被检高压电能计量设备的走字误差。检验软件的"走字试验"功能，主要用于设置走字试验方案。

（7）数据管理，是指检验软件具备综合查询、报表打印、记录备份等功能，即可以按照资产编号、出厂编号、检验批次、检验日期、型号、检验人员、生产厂家、电能表相线、电能表类型、检验结论等条件查询相关数据；也可将相关数据项相互组合，以查询同时满足多个限定条件的检验数据。对查询到的检验数据，可以进行打印、备份、输出等操作。

接下来，结合相关的软件功能操控界面，再对上述论及的这些软件功能的具体实施给予必要的介绍和说明。

1. 系统设置

图 3-4 为高压电能计量设备检验装置检验软件的开始界面或称主操控界面。在该界面上，单击（本书中，单击左键简称为"单击"，"单击右键"仍用全称来表示）窗体菜单栏下的【设置】按钮，即可进入系统设置功能模块。

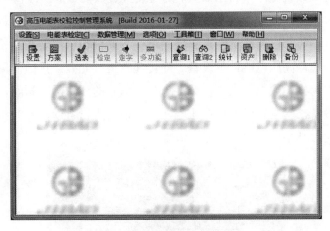

图 3-4　检验软件的主操控界面

（1）系统常用数据。系统常用数据设置界面如图 3-5 所示，第一页即为系统常用数据的管理页。

在数据分类列表中选择某一数据类别，右边列表会显示对应的数据内容。在列表下面有相应的操作提示，以说明如何对右边列表内的数据进行删除、追加、插入等操作。当切换数据类别或关闭窗口时，数据内容会被自动保存。

接下来，进行选表、数据查询、数据保存等操作时，相应输入框的下拉列表中会出现此处设置好的数据，即可按需直接进行选择。

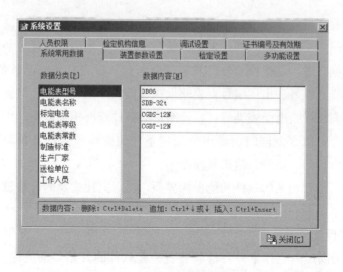

图 3-5　系统常用数据设置界面

（2）装置参数设置。单击图 3-5 中的【装置参数设置】，会出现图 3-6 所示的装置参数设置界面，用于设置高压电能计量设备检验装置的本体参数、三相标准电能表的配置参数，以及通信端口和使用单位。通信端口用于在高压电能计量设备检验装置与被检高压电能计量设备之间传递数据。此处设置的使用单位，最终会出现在输出的检验数据报表中。图 3-6 右下角处的"间隔"时间，是指利用高压电能计量设备检验装置对被检高压电能计量设备进行自动检验时约定的自动通信的间隔时间，其量值主要影响通信效果。

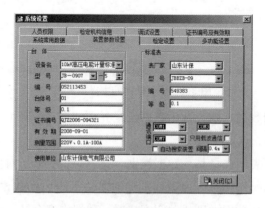

图 3-6　装置参数设置界面

如果已经知道高压电能计量设备检验装置对被检高压电能计量设备采用的通信端口号（在操作系统桌面，右键单击【我的电脑】图标，可通过选择【设备管理器】、【端口】进行查看），便可采用在图 3-6 中手动设置通信端口的方案。如果不知道两者连接时采用的通信端口号，则可以使用自动配置通信端口的功能，即在图 3-4 中单击窗体菜单栏下的【工具箱】菜单，选择自动配置端口项，进入图 3-7 所示的自动配置端口界面。

当打开高压电能计量设备检验装置的电源，且检验软件搜索到该标准装置的数据时，自动配置端口项操作结束后，检验软件会弹出图 3-8 所示的端口检测成功界面。成功检测到的通信端口号会被自动保存，再次进入图 3-6 的装置参数设置界面时，可在通信端口处的下拉列表中选择已成功检测到的通信端口号。

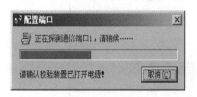

图 3-7　自动配置端口界面　　　　图 3-8　端口检测成功界面

（3）调试设置。首次使用检验软件时，必须在图 3-9 所示的调试设置界面中读取并存储高压电能计量设备检验装置的参数。当被检高压电能计量设备的应用电压等级为 10kV 时，"电压量程数"选"1"；而当应用电压等级为 10/35kV 时，"电压量程数"选"2"。然后，单击【读取参数】按钮，待电流量程窗口、电压量程窗口出现对应挡位后，再单击【保存】按钮。图 3-9 所示的调试设置只需要在首次使用检验软件时设置一次，以后再次使用检验软件时，不必再进行设置。

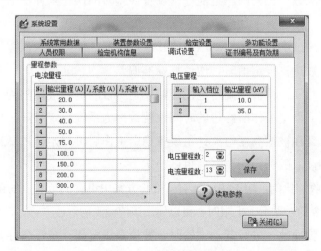

图 3-9　调试设置界面

（4）检定设置。单击图 3-5 中的【检定设置】，会出现图 3-10 所示的检定设置界面。

图 3-10 中，检定次序设置表格下的 3 个按钮分别是上移、下移和复位，用于设置预热、潜动、起动、基本误差的实施次序。图 3-10 所示即为复位后的检验次序。窗体底部的下拉框用于在后边的选表工作完成后，确定"返回主窗体"还是"进入检定"，一般选择后者，以使选表工作完成后系统就自动进入检验过程。

图 3-10 检定设置界面

误差测试次数：检验高压电能计量设备误差时的误差采样次数，即采样次数达到设定值时，便计算平均误差。

标准偏差测试次数：检验高压电能计量设备标准偏差时的误差采样次数，即采样误差的次数达到设定值时，便计算标准偏差。

系统稳定时间：从被检高压电能计量设备所带的负载被调整为设定值，到其能够在该负载下稳定工作所经过的时间，就被称为系统稳定时间。设置系统稳定时间，是考虑到在被检高压电能计量设备稳定工作后再开始通过脉冲采样计算误差，此时需要读取的测得误差量值也已稳定。

误差限额收缩比例：用于按比例缩小检验方案中设置的负载点的误差上、下限，在需要使用更窄的误差上、下限时，可以使用该值而无需修改方案，该值默认为 1.0。

起动合格脉冲数：进行起动试验时，被检高压电能计量设备在规定时间内应输出的脉冲数。

　　粗大误差限额：对高压电能计量设备进行检验的过程中，干扰脉冲会导致其出现粗大误差。目前，主要使用过滤器来确保在不影响高压电能计量设备检验结果条件下识别并剔除粗大误差；设置粗大误差限额，主要用于提高过滤粗大误差的灵敏度。

　　自动计算潜动起动时间：按规程中确定的公式自动计算出相应的试验时间。

　　化整后判断是否超差：在对高压电能计量设备进行检验的过程中，判断即时误差和平均误差是否合格时，可以通过该项目的设置，决定是按原始值进行判断，还是按化整值进行判断是否出现超差。

　　覆盖同一天记录：当该项目被选中时，针对一个被检高压电能计量设备，每天只能保存当天最新的一条检验记录。

　　（5）多功能设置。单击图 3-5 中的【多功能设置】，会出现图 3-11 所示的多功能设置界面。其中，"各表位 RS-485 连接方式"用于设置高压电能计量设备检验装置的各表位与被检高压电能计量设备之间的 RS-485 通信的连接方式，可选择"多串口服务器"或"单串口切换"；"多功能模块"则用于确认被检高压电能计量设备所支持的通信协议，如果支持 DL/T 645—2007《多功能电能表通信协议》，则直接选用"国网（DL/T 645—2007）"模块，如果支持其他协议，则需要选择"多协议"模块。

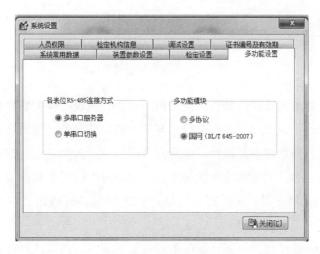

图 3-11　多功能设置界面

2. 检验方案设置

　　在图 3-4 所示的主操控界面上，单击窗体菜单栏下的【方案】按钮，会进入如图 3-12 所示的检验方案设置界面。检验软件内储存有多套高压电能计量设备的检验方案，因此，在进行某次具体的检验操作时，只需确定"相线"以及"是否反向"两项设置，检验软件会严格按照相应规程所要求的条件进行自动匹配检验方案和自动配置。

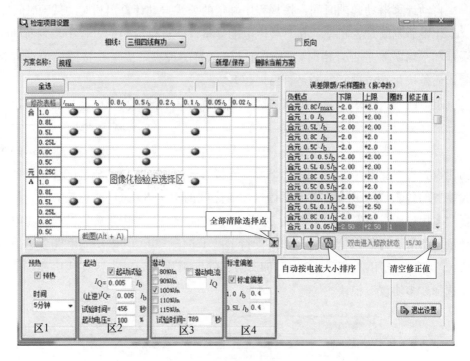

图 3-12　检验方案设置界面

（1）检验方案的新建与修改。使用高压电能计量设备检验装置初次检验某规格的高压电能计量设备时，若没有找到与该规格高压电能计量设备相匹配的检验方案，则检验软件会自动提取针对该规格高压电能计量设备的、根据内置规程数据设置的检验方案。对已生成的检验方案，用户可根据需求对检验点的多少、检验的顺序、上限和下限、采样圈数（指计算平均误差时所用的实时误差个数）、修正值、起动电流等进行修调。

修调某规格被检高压电能计量设备的检验方案时，请仔细选择跟踪参数（检验方案中所涉及的所有参数均称为跟踪参数）。具体操作为：在图 3-12 中的"图像化检验点选择区"单击右键，进入跟踪参数修改界面。修调完检验方案后，请及时加以保存。在保存修调后的检验方案时，建议输入自己确定的方案名称，以便定义和查找不同的检验方案。

（2）预热试验参数设置。在图 3-12 所示检验方案设置界面的"区 1"中，可选择是否进行预热试验，以及设置预热时间。预热时间以分钟为单位进行设置，预热电流大小为额定电流 I_b。

（3）起动试验参数设置。在图 3-12 所示检验方案设置界面的"区 2"中，可选择是否进行起动试验，以及设置起动电流、（止逆）I_Q、试验时间、起动电压等参数。

高压电能计量设备检验装置也可用于检验低压电能表，图 3-12 所示检验方案设置界面"区 2"中的"（止逆）I_Q"项，就是为检验低压电能表而设置的。电子式电能表按其规程不存在止逆情况，因此应设置为无止逆 I_Q 项；检验感应式电能表时，应根据需求进行设置。值得注意的是，感应式单相电能表在周检时，按规程已默认其（止逆）I_Q 为 $0.01I_b$，故此处若修改为其他值是无效的。

（4）潜动试验参数设置。在图 3-12 所示检验方案设置界面的"区 3"中，可选择是否进行潜动试验，以及设置潜动试验参数。潜动电压可以设置的范围是 $(80\% \sim 115\%) U_n$，而且可多选。针对不同的潜动电压，还可设置其附带的潜动电流的大小。

（5）标准偏差设置。在图 3-12 所示检验方案设置界面的"区 4"中，可选择是否进行标准偏差试验，并设定标准偏差量值的上、下限额。选择进行标准偏差试验后，检验软件在检验特定负载点（负载电流为 I_b、功率因数为 1.0 和 0.5L）时，会自动测试标准偏差。

（6）基本误差检验点设置。在图 3-12 所示检验方案设置界面上，采用图形用户界面设置检验点，将鼠标移至图像化检验点选择区的小矩形框内，双击鼠标右键或按空白键或按回车键，便可以选中/取消该检验点。完成新增或取消某检验点的操作后，右边的已选测试点表格里会自动做出相应增减。新增检验点时，系统会从内置规程数据库中提取对应该点的上、下限；当设置好负载电流为 I_b、功率因数为 1.0 点的采样圈数时，其他点会以此为基础自动计算采样圈数。关于检验点的次序，系统会默认按照被选择时的顺序进行排序。此外，利用表格下面的上移和下移键，可以自由调整检验点的检验顺序。选择表格下面的【自动按电流大小排序】时，检验软件会按功率因数、检验电流、负载电流的优先级顺序自动排序（即功率因数大小相同时，会根据检验电流大小排序；检验电流大小相同时，会按负载电流大小排序）。检验方案设置完毕后，应及时保存。

3. 选表

选表即为设置被检高压电能计量设备的参数并选择检验方案。单击图 3-4 窗体菜单栏下的【选表】按钮，检验软件会进入图 3-13 所示的选表界面。

图 3-13　选表界面

在选表界面的表格栏中，输入各表位上所接被检高压电能计量设备的资产编号、（有功、无功）脉冲常数、脉冲输出、电能表（被检高压电能计量设备）型号、生产厂家、出厂日期、制造标准、送检单位等信息。其中，有功脉冲常数的单位为 imp/kWh 或 imp/mWh；无功脉冲常数的单位是 imp/kvarh，或 imp/mvarh。此外，为简化检验操作，若各不同表位所接被检高压电能计量设备的各项信息都相同，则可以勾选图 3-13 所示界面左下角的 "相同表信息" 前的小方框，从而使各表位的相应信息都保持相同；勾选 "相同常数" 前的小方框，则会使得表格栏中常数一行中的所有常数均一样。

在 "选表" 界面右侧的 "电能表参数" 一栏中，应选择或输入被检高压电能计量设备的表分类、相线、额定电压、标定电流等信息。其中，相线中的 "复合" 选项，代表着既检验有功功率，又检验无功功率。

"选表" 操作完成后，单击图 3-13 所示界面中的【结束选表】按钮，进入

图 3-14 所示的结束选表界面，检验软件会弹出"正在初始化检验装置，请稍后……"的提示框，然后会进入图 3-15 所示检验操控界面。

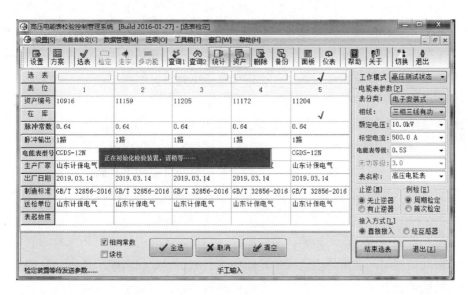

图 3-14　结束选表界面

图 3-15　检验操控界面

4. 检验试验

对高压电能计量设备开展的检验试验，主要是指用高压电能计量设备检验装置对被检高压电能计量设备的测量准确性进行检验，所要实施的检验试验包括预热试验、起动试验、潜动试验、误差稳定性试验以及基本误差试验等。

进入"检验试验"环节后，应注意检验台会工作在高电压状态下，应确保高压电能计量设备检验装置即检验台本体上的高低压切换开关打在高压挡位上。而且由于此时高压电能计量设备检验装置即检验台工作在高电压测试状态。操作者此时不仅要按检验要求进行操作，还应注意高电压安全问题。

在图 3-15 所示的检验操控界面上，选取相应的检验试验项目后，单击【连续】或【单步】按钮，检验软件随即会按已有的设置自动进行相应的检验试验。其中，"连续"是指持续进行同一项试验；"单步"是指依次执行所选定的试验项目，每个试验只执行一次。在连续或单步检验状态下，如果在测试点及测试项目区域直接选取某检验试验，检验软件会立刻切换到该试验，进行相应的检验测试工作。

（1）预热试验、起动试验、潜动试验。当检验试验进行到预热试验、起动试验、潜动试验时，如果将检验操控界面中当前测试点的状态提示条移动到相应的检验试验项目上，会在每个表位所在列的表格栏第三行显示每台被检高压电能计量设备在该试验项目上设置的试验时间。例如，图 3-15 所示检验操控界面表示的是，当状态提示条移动到预热试验项目后，表格中第三行显示每台被检高压电能计量设备所设置的预热时间。

在图 3-15 所示检验操控界面上，窗体底部的状态栏会显示被选中试验的相关信息。例如，在起动试验和潜动试验结束时，检验软件会自动判断并给出试验结论，该信息会在窗体底部的状态栏进行显示，对检验合格的，会显示"√"；对不合格的，则显示"×"。

在图 3-15 所示检验操控界面上，选中预热试验项目，左键双击"预热时间"，可即时修改预热试验时间的长短，预热时间修改界面如图 3-16 所示。此修改，只对当前试验有效，系统不作保存，即下次检验时，系统仍会以检验方案中的设定值为准。

在图 3-15 所示检验操控界面上，选中起动试验项目，左键双击"起动时间"，可即时修改起动试验时间，起动时间修改界面如图 3-17 所示。此修改，不仅对当前的试验有效，同时也会被检验软件保存。当在图 3-10 中的【系统设置】的【检定设置】中没有选择自动计算起动、潜动时间项时，这两项试验的试验时间以此处的保存值为准；但若选择了自动计算潜动、起动时间项，则仍以按规程自动计算的时间数值为准。但是在检验电子式电能表时，由于其规程未对起动时间做出计算规定，因此无论是否选择了自动计算起动、潜动时间项，其起动时间均以此处的保存值为准。

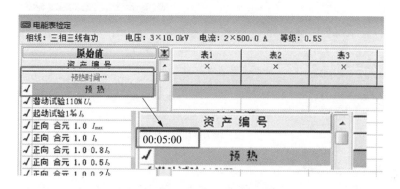

图 3-16 预热时间修改界面

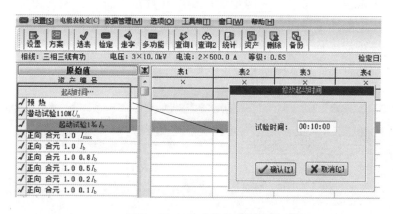

图 3-17 起动时间修改界面

在图 3-15 所示检验操控界面上，选中潜动试验项目，双击"潜动时间"，可即时修改潜动试验时间，潜动时间修改界面如图 3-18 所示。此修改，不仅对当前的试验有效，同时也会被检验软件所保存。当没有选择自动计算潜动、起动时间项时，这两项试验的试验时间以此处的保存值为准；而如果选择了自动计算潜动、起动时间项，则仍以按规程自动计算的时间数值为准。但是，在检验感应式电能表时，由于其规程未对潜动时间做出计算规定，因此无论是否选择了自动计算起动、潜动时间项，其潜动时间均以此处的保存值为准。

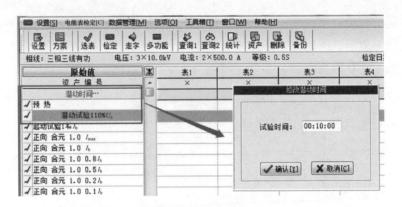

图 3-18　潜动时间修改界面

（2）基本误差试验。

1）试验设置。基本误差检验的操控界面如图 3-19 所示。其中，"资产号"的下一栏是误差接收窗口，它同步于高压电能计量设备检验装置测得的实时误差。当高压电能计量设备检验装置已达到设定的采样误差次数后，在误差值区域，会显示出该检验点的平均误差；操作【原始值/化整值】显示切换按钮，可以实时显示该点的原始平均误差或化整平均误差。

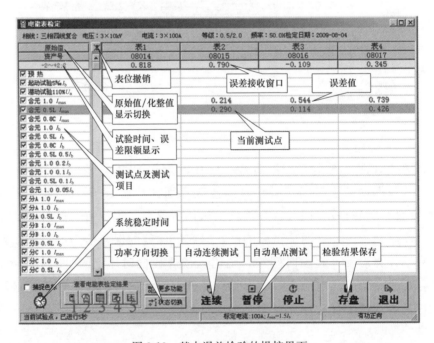

图 3-19　基本误差检验的操控界面

误差接收窗口接收到的实时误差若不超差，误差值颜色为黑色；误差值区域的平均误差若不超差，误差值颜色为蓝色；但如果实时误差或平均误差超差，误差值颜色则呈红色，即这是一种报警状态。

如果在检验方案中设置为要进行标准偏差的测试项目，则在实施基本误差检验的过程中，进行到负载电流数值大小为 I_b、功率因数为 1.0 和 0.5L 的负载点时，检验软件会自动测试标准偏差的量值。

切换功率方向界面如图 3-20 所示，界面右下角状态栏会显示当前检验试验的功率方向，单击该操控界面的【状态切换】按钮，就可切换功率方向。

检验软件监视器的仪表盘界面如图 3-21 所示，界面显示内容分为"额定值"和"实际值"两类，用于监控高压电能计量设备的输出状态。其中，"额定值"矩形框内显示的是根据被检高压电能计量设备的参数在检验软件中填写的相线方式、电流量程、电压量程和频率值。应注意的是，此处的频率值虽然是"额定值"，但并非恒为 50Hz，例如进行频率改变量试验时，此处的频率值就会显示为不同于额定频率值的设定数值。"实际值"矩形框内显示的是高压电能计量设备检验装置实际输出的 A 相、B 相和 C 相的电压、电流、相位等电参量。

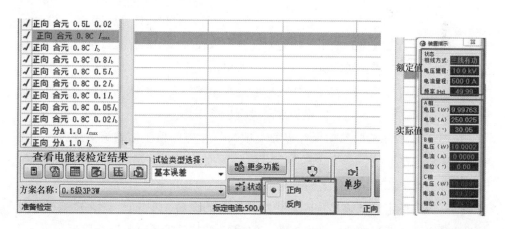

图 3-20　切换功率方向界面　　　　图 3-21　检验软件监视
器的仪表盘界面

2）检验数据保存。检验操作结束后，或在检验过程中，单击图 3-15 所示界面上的【存盘】按钮，或单击其窗体右上角的【×】按钮，会出现图 3-22 所示的检验数据保存界面，用于对检验数据进行保存设置。

在图 3-22 所示的检验数据保存界面上，可以通过对"表位"列的操作删除无需保存的检验数据。对经检验被判定为不合格的高压电能计量设备，在确定其检验数据是否需要保存时，检验软件会弹出提示窗，要求检验操作人员确认是否需要保存。

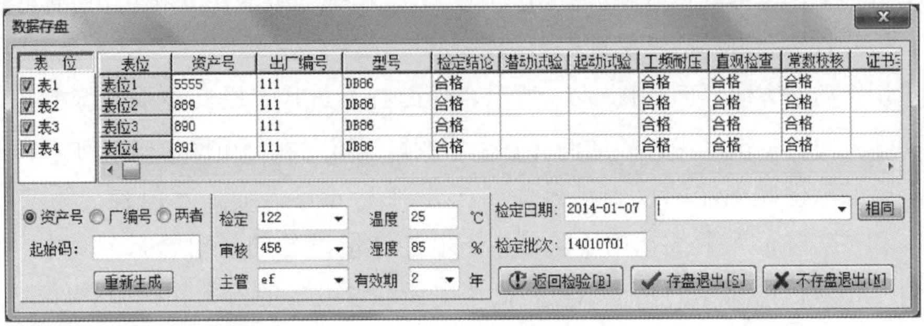

图 3-22 检验数据保存界面

单击图 3-22 中所示检验数据保存界面上的【返回检验】或【不存盘退出】按钮，检验软件将再次提示是否需要保存后再返回主界面。若没有存盘，就选择退出了，则下次再进入检验时，检验软件会弹出图 3-23 所示

图 3-23 数据恢复界面

的提示框。若单击【是】按钮，检验软件会提取在缓存中的检验数据，此时可以接续上次已完成的操作继续进行检验；而若单击【否】按钮，检验软件会重新开始一次新的检验。此功能主要应用在检验过程中突然发生断电的情况，此时可以有效保存相应的检验数据，以避免重复进行检验工作。

在图 3-22 所示检验数据保存界面上填写好相应的检验结果等信息后，即可单击【存盘退出】按钮，检验软件会将检验数据录入数据库，这一过程完成后，检验软件会给出相应的提示，告知检验人员检验数据已经保存完毕。

（3）误差稳定性试验及其他特殊检验试验的设置。单击图 3-15 检验操控界面上的【更多功能】按钮，会出现图 3-24 所示的特殊检验试验设置界面。

当需要对检验方案中某一个测试点进行连续监控时，可以选择图 3-24 所示检验操控界面上的"误差稳定性试验"项，如此，检验软件将自动计算标准偏差等数据。对误差稳定性试验的监控时长、测试点间隔等参数，均可以进行设置，具体设置可在图 3-25 所示的误差稳定性试验界面进行。

图 3-24 特殊检验试验设置界面

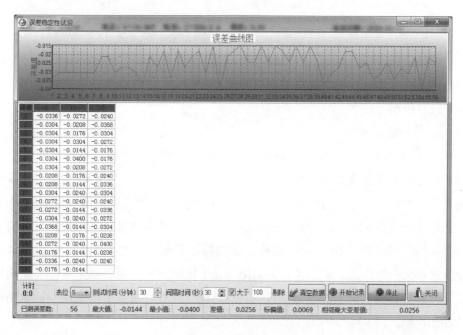

图 3-25 误差稳定性试验界面

当检验特殊电压规格的高压电能计量设备，或需要做电压改变量试验时，单击图 3-24 所示特殊检验试验设置界面上的"更改电压值"项，会出现图 3-26 所示更改电压值设置界面，可按需设置电压值，其中，最大电压值可设为 120% U_n，单击【确认】按钮后，更改后的电压值会立即作用于后续检验的负载点。可以通过同样的操作将电压值改回原值，也可以等到检验软件重新"选表"时，将此值恢复为 $100\%U_n$。

当检验特殊频率规格的高压电能计量设备，或做频率改变量试验时，单击图 3-24 所示特殊检验试验设置界面上的"更改频率值"项，便出现图 3-27 所示更改频率值设置界面，可按需求在 $45\sim65\mathrm{Hz}$ 范围内设置任一整数频率值；单击【确认】按钮后，更改后的频率值会立即作用于后续检验的负载点。可以通过同样的操作将频率值改回原值，也可以等到检验软件重新"选表"时，将此值恢复为 $50\mathrm{Hz}$。

图 3-26　更改电压值设置界面　　　　图 3-27　更改频率值设置界面

如果选择了图 3-24 所示特殊检验试验设置界面上的"超差停止"项，则在进行连续检验的过程中，遇到不合格的误差时，检验软件会停止运行；否则，会继续进行检验。

5. 影响量试验

图 3-24 所示特殊检验试验设置界面上，有两种方式可以进行影响量试验的设置，一种是单击【更多功能】按钮，在图 3-26、图 3-27 中更改电压值、频率值进行试验，这种方式可以在 $0\sim120\%U_n$ 范围内任意选择电压值、在 $45\sim65\mathrm{Hz}$ 中任意选择整数频率值进行影响量试验。另一种是单击"试验类型选择"项的下三角按钮，出现图 3-28 所示的影响量试验操控界面。这种方式下，无需思考应该设置多大的电压值、频率值，但只能对几个固定的电压值、频率值开展影响量试验。有关影响量试验的方案设置及其具体操作内容，请参照基本误差试验测试的相关说明。

6. 走字试验

单击图 3-4 窗体菜单栏下的【走字】按钮，会进入图 3-29 所示的走字试验操控界面。

单击该操控界面上"走字方向"项的下三角按钮，可以选择做正向走字试验还是反向走字试验。单击该操控界面上的【编辑方案】按钮，可以设置走字时的

电压、电流、功率因数、走字时间等参数。走字试验的参数设置完毕后，单击
【单段走字】按钮，走字试验便正式开始。随即，该操作窗口右上角的计时器会
按照走字试验方案设置的时间做倒计时操作。

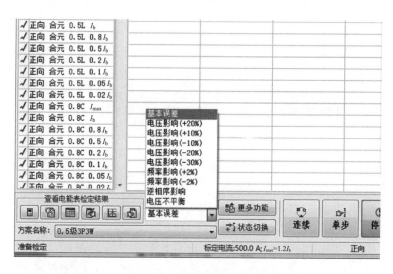

图 3-28　影响量试验操控界面

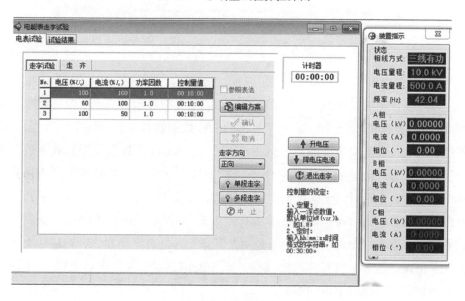

图 3-29　走字试验操控界面

当计时器退回到 00：00：00 时，检验软件会自动计算该试验方案下三相标
准电能表的走字数量，并在图 3-29 所示走字试验操控界面上最下边的状态栏中

显示出来，走字试验结果显示界面如图 3-30 所示。通过对比被检高压电能计量设备的走字数量与三相标准电能表的走字数量，便可得出被检高压电能计量设备的走字误差。走字试验结束后，单击【退出走字】按钮，即可退出走字试验的操控界面。

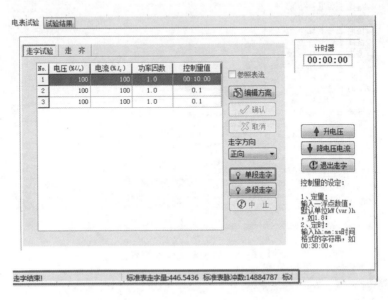

图 3-30　走字试验结果显示界面

7. 数据管理

（1）综合查询。在图 3-4 所示检验软件的主操控界面上，单击窗体菜单栏下的【查询 1】按钮，会进入图 3-31 所示的检验数据管理界面，用以浏览、打印、备份、输出符合查询条件的检验数据。图 3-31 所示检验数据管理界面上的一行检验数据称为一条记录。当图 3-31 所示检验数据管理界面的状态栏最右边提示选中的记录为 0 条时，如果进行浏览、打印、备份等操作，检验软件会给出这样的提示，即若继续该操作，则会对所有查询到的记录（图 3-31 中显示的所有记录）进行该操作。如果检验人员只想对某几条记录进行某项操作，则应该先选定那几条记录，然后再执行相应的操作。至于如何选定记录，请参见图 3-31 所示检验数据管理界面右下角的提示。

在图 3-31 所示的检验数据管理界面上，单击右侧的【查询】按钮，便可打开图 3-32 所示的查询条件设置界面。如此，可以按照资产编号、出厂编号、检验批次、检验日期、型号、检验人员、生产厂家、电能表相线、电能表类型、检验结论等条件查询记录，也可相互组合，以查询同时满足多个限定条件的记录。对查询到的记录，可以进行打印、备份、输出等操作。

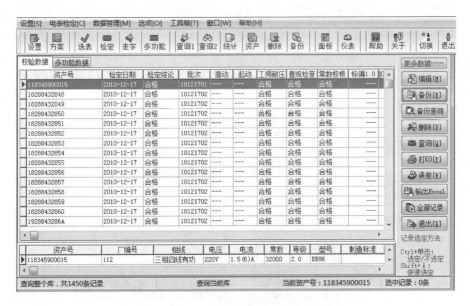

图 3-31 检验数据管理界面

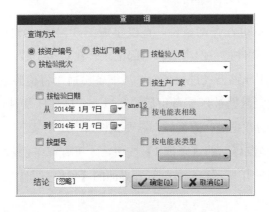

图 3-32 查询条件设置界面

（2）报表打印。在图 3-31 所示检验数据管理界面上单击【打印】按钮，便可打开如图 3-33 所示的报表打印选择界面，其中的报表打印格式，有打印检验证书和打印原始记录两种，选择报表的打印格式，然单击【确定】按钮，就会显示打印预览。这里的打印操作，均会先输出至 Excel 表格中再实施打印。打印检验证书格式的报表时，应注意先选择适合本单位需要的具体格式后，再进行打印。

（3）记录备份。在图 3-31 所示检验数据管理界面上，单击右侧的【备份】按钮，便可打开备份目录选择界面，如图 3-34 所示。在弹出的备份目录选择界面上选择备份文件的保存位置，单击【确认】按钮开始备份。备份结束后，检验软件会提示备份已成功，并会显示备份文件所在的目录。选择备份目录时应注意，要双击图 3-34 列表中的相应目录项才能选定该目录。图 3-34 中的第三行文字，会实时显示出当前已选定的备份目录。

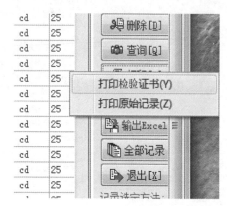

图 3-33　报表打印选择界面

图 3-34　备份目录选择界面

如前所述，如不设置查询条件，直接单击图 3-31 所示检验数据管理界面的【备份】按钮，检验软件将备份当前的全部记录。在对整个数据库的检验数据进行备份时，还可以采用压缩方式进行备份。压缩备份适于将检验数据备份至软盘中。需要注意的是，检验数据被压缩备份后，是以 exe 自解压文件的格式存在的。如此，对经压缩的备份数据进行查询时，需要先将其解压至某个目录后，再点击图 3-4 所示检验软件主操控界面的【查询 1】按钮，才可查询备份数据。而对未压缩的备份数据，单击图 3-31 所示检验数据管理界面的【备份查询】按钮即可进行查询。

第三节　传感器式高压电能表的检验

本节和后续的第四节分别阐述了如何利用高压电能计量设备检验装置对传感器式高压电能表和智能型高压电气开关设备进行检验，其中，本节主要介绍对 CGDS-12 型号的传感器式高压电能表进行检验时的接线操作，重点阐述了检验软件的相关操作。

一、传感器式高压电能表简介

传感器式高压电能表作为一种高压电能计量设备，可测算电流、电压、功率、功率因数等电参量，能计量电能量。传感器式高压电能表外观结构如图 3-35 所示，其型号为 CGDS-12，主要用于三相三线制不直接接地的配电网中，采用"两功率表法"计量电能，因此它集成有两只贯穿电子式电流互感器和两只电压传感器，一般用于获取 A 相、C 相电力线路的线电流，以及 A 相与 B 相之间、C 相与 B 相之间的线电压。传感器式高压电能表的三个中空凸起部分，即为其与被测高电压导线的信号接口。被测高电压导线应从传感器式高压电能表中空凸起处的通孔穿过。对于贯穿电子式电流互感器，被测高电压导线即为高电压侧回路；封装在 A 相与 C 相的中空凸起处的弱信号侧线圈，在获取到小电流信号后，会直接送至传感器式高压电能表壳体内的电能计量芯片中。对于电压传感器，高电压侧回路需要并联在被测高电压导线上，这一功能由三相的顶针式电压取样环实现。此外，为防止操作过程中发生意外，传感器式高压电能表还设有接地端。

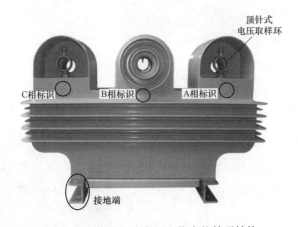

图 3-35　传感器式高压电能表的外观结构

二、对传感器式高压电能表进行检验的接线操作

需要注意的是，在使用高压电能计量设备检验装置对传感器式高压电能表以及其他高压电能计量设备进行检验时，应在检验方案中填写被检验高压电能计量设备的相关参数。因此，应提前获知被检验高压电能计量设备的额定电流、额定电压等参数，例如本节前述的传感器式高压电能表的主要参数如下。①类型：三

相三线制。②表号：11204。③额定电流：500A。④额定电压：10kV。⑤脉冲常数：6400imp/kWh。

对传感器式高压电能表实施性能检验前，需要先接好被检传感器式高压电能表与高压电能计量设备检验装置（具体是其中的高电压大电流功率源）之间的连线，主要包括如下几个步骤。

1. 将被检传感器式高压电能表推运到高电压检验区

进入高电压检验区后，要先将接地杆（也称"放电杆"）搭接到高电压大电流功率源的输出铜排（最下端）上。然后，将被检传感器式高压电能表放到运料小车上，推运到高电压大电流功率源所在的高电压检验区，具体如图 3-36 所示。

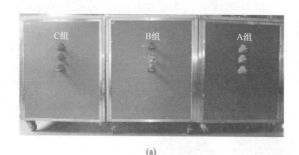

(a)   (b)

图 3-36 将传感器式高压电能表推运到高电压检验区现场
（a）高电压大电流功率源；（b）传感器式高压电能表位于高电压检验区

实施检验试验时需注意，被检传感器式高压电能表标有 P1 的一侧，应面向高电压大电流功率源。传感器式高压电能表上的"P1"标识如图 3-37 所示。

2. A 相接线

被检传感器式高压电能表与高电压大电流功率源之间的 A 相接线过程分为以下 3 个操作步骤。

图 3-37 传感器式高压
电能表的"P1"标识

步骤一：将检验试验用高电压导线的一端固定在高电压大电流功率源 A 相的输出端子（最下端的端子）上，并将螺栓拧紧，具体如图 3-38（a）所示。

步骤二：让检验试验用高电压导线的另一端穿过被检传感器式高压电能表的

A 相中空凸起处的通孔，然后将其压接到高电压大电流功率源 A 相的输入端子（最上端的端子）上，并将螺栓拧紧，具体如图 3-38（b）所示。

步骤三：完成上述步骤后，检验试验用高电压导线已穿过被检传感器式高压电能表 A 相中空凸起处的通孔，然后应将顶针式电压取样环的插针从被检传感器式高压电能表顶部的圆孔放入，用力扎透连接导线，使插针与检验试验用高电压导线接触良好，再将顶针式电压取样环的取样螺钉旋紧，具体如图 3-38（c）所示。至此，A 相的接线操作就完成了。

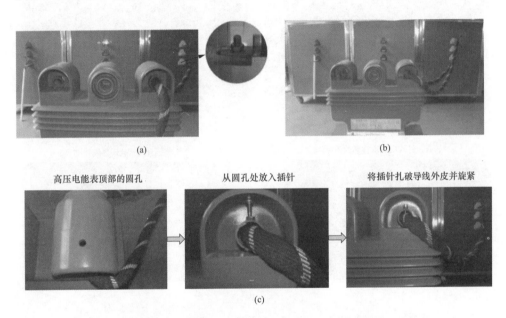

图 3-38　传感器式高压电能表与高电压大电流功率源之间的 A 相接线

（a）A 相接线的起始端接点；（b）A 相接线的终止端接点；（c）A 相接线的顶针式电压取样环

3.C 相接线

被检传感器式高压电能表与高电压大电流功率源之间的 C 相接线与 A 相接线一样，也分为以下 3 个操作步骤。

步骤一：将另一根检验试验用高电压导线的一端固定在高电压大电流功率源 C 相的输出端子（最下端的端子）上，把螺栓拧紧，具体如图 3-39（a）所示。

步骤二：使检验试验用高电压导线的另一端穿过传感器式高压电能表的 C 相中空凸起处的通孔，将其压接到高电压大电流功率源 C 相的输入端子（最上端的端子）上，并将螺栓拧紧，具体如图 3-39（b）所示。

步骤三：完成上述步骤后，检验试验用高电压导线已穿过被检传感器式高压电能表的 C 相中空凸起处的通孔，然后应将顶针式电压取样环的插针从被检传感器式高压电能表顶部的圆孔放入，用力使其扎透连接导线并将取样螺钉旋紧，使插针与检验试验用高电压导线接触良好，具体如图 3-39（c）所示。至此，C 相的接线操作就完成了。

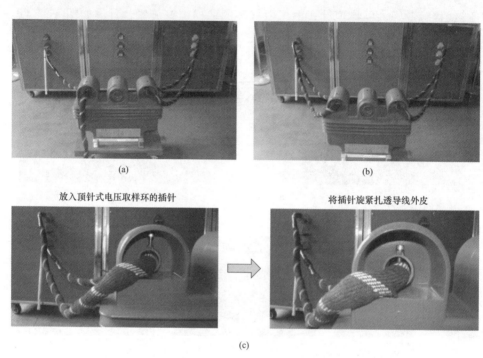

（a）

（b）

放入顶针式电压取样环的插针

将插针旋紧扎透导线外皮

（c）

图 3-39　传感器式高压电能表与高电压大电流功率源之间的 C 相接线
（a）C 相接线的起始端接点；（b）C 相接线的终止端接点；（c）C 相接线的顶针式电压取样环

4. B 相接线

鉴于示例中的被检传感器式高压电能表是用于三相三线制配电网，用"两功率表法"计量电能量，因此 B 相接线不需要在被检传感器式高压电能表与高电压大电流功率源之间构成回路，只需要将第 3 根检验试验用高电压导线的一端压接在高电压大电流功率源 B 相的输出端子（最下端的端子）上，而另一端压接在被检传感器式高压电能表的 B 相接口上，具体如图 3-40 所示。

5. 通信线路（十芯屏蔽线）的试验接线

检验试验中，被检传感器式高压电能表与高压电能计量设备检验装置之间利用十芯屏蔽线进行通信，用以传输电能脉冲、RS-485 通信信号以及编程键信号等信息。由于十芯屏蔽线的一端已固定在高压电能计量设备检验装置上，因此通信线路接线只需将十芯屏蔽线的航空插头（母头）端插到被检传感器式高压电能表底部的航空插头（公头）上，具体如图 3-41 所示。

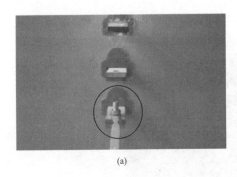
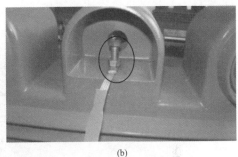

(a)　　　　　　　　　　　　　　　　　　　(b)

图 3-40　传感器式高压电能表与高电压大电流功率源之间的 B 相接线
(a) B 相接线的起始端接点；(b) B 相接线的终止端接点

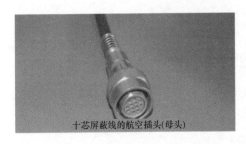

十芯屏蔽线的航空插头(母头)　　　　　　高压电能表底部的航空插头(公头)

图 3-41　传感器式高压电能表与高压电能计量设备检验装置之间的通信线路

6. 接地线

为保证被检传感器式高压电能表在运行期间能够正常工作，需将接地线连接到被检传感器式高压电能表的接地端上，并用螺栓固定，具体如图 3-42 所示。

接地线

图 3-42　传感器式高压电能表的接地线

7. 接线完毕后的工作

上述所有试验接线操作完毕后，将接地杆从高电压大电流功率源的输出端移走，拉好警示带，具体如图 3-43 所示。需要注意的是，一定要将接地杆移走后，才能进行下一步的检验操作。

图 3-43　传感器式高压电能表的接线完成及移走接地杆

三、传感器式高压电能表的检验过程

使用高压电能计量设备检验装置对传感器式高压电能表进行检验时，主要包括准备工作和检验过程 2 个阶段。

1. 准备工作

（1）熟悉高压电能计量设备检验装置的低电压操控界面。高压电能计量设备检验装置的低电压操控部分由三相低压程控功率源和人机交互端组成。其中，三相低压程控功率源输出的幅值、相位和频率可调的三相电流、三相电压信号，会输送至三相高电压大电流功率源，用于形成标准的高压大功率信号，以模拟被检传感器式高压电能表的实际应用条件。同时，高电压大电流功率源的输出由标准电流互感器和标准电压互感器进行变换并采集电流、电压信号反馈给三相低压程控功率源，用于控制三相高电压大电流功率源按设定值输出信号，从而将检验规程要求的高压大电流信号提供给被检高压电能计量设备，使后者能够正常工作。

人机交互端界面如图 3-44 所示，上半部分是 5 个被检高压电能计量设备的误差显示器、RS-485 通信接口和编程键按钮，下半部分是启动按钮、停止按钮、电源开关以及三相标准电能表的操控显示界面。

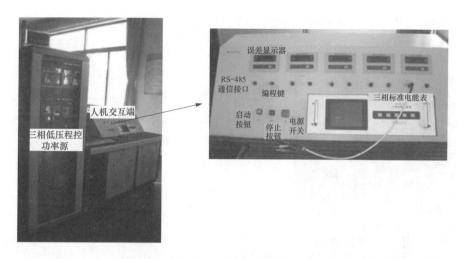

图 3-44 人机交互端界面

（2）开机及相应的注意事项。拨动人机交互端界面的电源开关到"开"状态，随后，按下启动按钮，使高压电能计量设备检验装置开始工作，具体如图 3-45 所示。

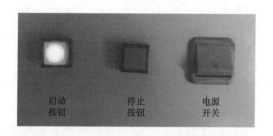

图 3-45 人机交互端界面上的按钮和开关

在高压电能计量设备检验装置开始工作大约 10s 后，其中的三相低压程控功率源的自检初始化工作便已完成。三相低压程控功率源触摸屏初始化完成后正常的显示状态如图 3-46 所示。

用手按图 3-45 中启动按钮，高压电能计量设备检验装置开始工作。此后，该标准装置的红色警示灯持续闪烁，表示禁止工作人员进入高电压区。而按图 3-45 中停止按钮时，该标准装置的绿色警示灯便会持续闪烁，表示高压电能计量设备检验装置的电流、电

图 3-46 三相低压程控功率
源触摸屏初始化

压输出值均为零，此时工作人员进入高电压区是安全的。高压电能计量设备检验装置的警示灯如图 3-47 所示。

高压警示灯绿灯闪烁

图 3-47　高压电能计量设备
检验装置的警示灯

从理论上讲，在开始进行检验试验后，高压电能计量设备检验装置才工作在高电压状态，但是为了安全起见，在被检高压电能计量设备接线操作结束，检验人员拉上警示带后，就不允许进入高电压区了。

2. 检验中的软件操作过程

确认上述准备工作已准确无误完成后，打开高压电能计量设备检验装置上配置的计算机里的检验软件，可进行相关检验试验的操作。有关该检验软件的详细操作说明，在本书的第三章第二节已有详细介绍。这里，再以对传感器式高压电能表的检验过程为例，具体阐述该检验软件的操作过程。首先，应参照本书第三章第二节所述内容，完成系统设置和检验方案设置；然后，根据被检传感器式高压电能表的实际情况实施接下来的检验操作。

（1）选表。高压电能计量设备检验装置可同时检验 5 台高压电能计量设备。由于本示例仅在 5 号表位接有传感器式高压电能表，因此，如图 3-13 所示，只需要在检验软件 5 号表位的位置上依次填好被检传感器式高压电能表的资产编号（表号）、脉冲常数、电能表型号、出厂日期等参数。图 3-13 所示选表界面上右侧若干项目的填写操作为：工作模式选择"高压测试状态"；相线选择"三相三线有功"；额定电压选择"10.0kV"；标定电流选择"500.0A"；接入方式选择"直接接入"。以上项目设置完毕后，单击【结束选表】按钮，会出现图 3-14 所示的"正在初始化检验装置，请稍后……"的提示框，然后会进入图 3-15 所示检验操控界面。

如果在某次检验试验中已经设置了检验软件选表界面的各项目参数，当再次打开检验软件进入到图 3-13 的选表界面时，则需要确认以下参数量值是否与被检传感器式高压电能表保持一致：①资产编号（表号）：11204；②相线：三相三线有功；③额定电流：500.0A；④额定电压：10.0kV；⑤传感器式高压电能表准确度等级：0.5S。

如果确实保持一致，则单击【结束选表】按钮进行后续操作；如果有某些参数量值与被检传感器式高压电能表的不一致，则修改图 3-13 中的相应设置，并再次检查，确认无误后，单击【结束选表】按钮，进行后续操作。

（2）检验试验。图 3-15 为检验操控界面，进入检验过程，首先要查看被检传感器式高压电能表的工作状况，如图 3-48 所示。在正式开始传感器式高压电能表的各项检验试验之前，可先任意选择几个测试点，对被检传感器式高压电能表施加一定的电流、电压，以查看其能否正常工作。若被检传感器式高压电能表能够正常工作，则再进行后续的检验试验；若不能正常工作，应该先查明其出现工作异常的原因，否则所实施的检验试验工作便失去意义。

图 3-48　查看被检传感器式高压电能表的工作状况

1）预热试验。如果被检传感器式高压电能表工作正常，下一步应根据本书第三章第二节所述进行预热试验。开展预热试验时，预热状态提示界面如图 3-49 所示，在该界面的左下角预热状态提示区域，会显示"正在预热，已进行××秒"，当到达规定的预热时间，会提示"预热完毕"。

2）基本误差试验。完成预热试验后，应按照检验方案中设置的测试点开始测试试验。如果有测试点的误差超出合格范围，则需要对被检传感器式高压电能表进行误差调校，也称"校表"。误差调校方式与被检高压电能计量设备所用计量芯片以及开发人员设计的电能计量方案均有关，因此，针对不同厂家生产的高压电能计量设备，所选用的误差调校方式会不一样。本节以山东计保电气有限公司生产的传感器式高压电能表为例，具体介绍如何通过自动校表软件来进行误差调校。

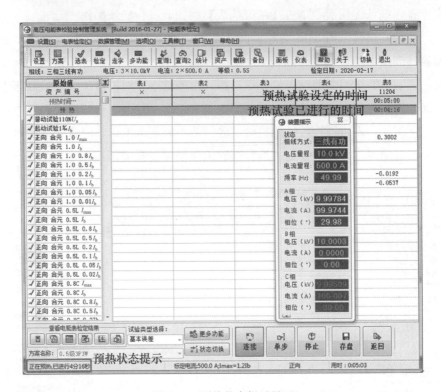

图 3-49　预热状态提示界面

自动校表软件的工作原理如下：在进行自动校表时，高压电能计量设备检验装置将三相高电压大电流功率源的输出信号（含电流信号、电压信号等）同时送至三相标准电能表和被检传感器式高压电能表，利用两者的输出脉冲来计算误差，并输出该误差。自动校表软件会将所得实测误差与已保存的误差要求限值进行比对，然后根据实测误差值和三相高电压大电流功率源的电流、电压、功率等参数进行计算，并将计算结果通过串口（RS-485）传递给被检传感器式高压电能表的校准模块，随后经由被检传感器式高压电能表的 SPI 接口直接修改其计量模块寄存器中相应参数的数值，并储存计算结果。按上述步骤进行循环操作，直至实测误差值满足误差限值要求为止。

自动校表操作主要包括如下 5 个步骤。

第一步：设置"测试参数"。双击鼠标左键，打开"自动校表软件"，单击左上方的【测试参数】按钮，会出现图 3-50 所示的自动校表软件的测试参数设置界面。

在这一环节，需要设置的参数有以下内容。①相线：三相三线有功。②电流：500A，与被检传感器式高压电能表的额定电流一致。③电压：10kV，与被检传感器式高压电能表的额定电压一致。④脉冲常数：6400imp/kWh。⑤等级：0.5S。⑥接入方式：直接接入。⑦工作模式：高压测试状态。⑧电能表地址：5号表位输入 11204，与被检传感器式高压电能表的实际表位一致。自动校表软件会将该表号自动写入被检传感器式高压电能表（因为每台被检设备都需要设置表号，软件自动写入后，即可省去手动设置被检设备表号的操作，为操作人员提供了便利）。

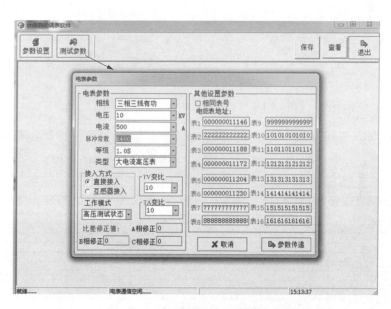

图 3-50　自动校表软件的测试参数设置界面

所有参数设置完毕后，单击图 3-50 所示界面右下角的【参数传递】按钮，自动校表软件会出现图 3-51 所示的参数传递界面。界面弹出提示框，参数传递过程结束后，会进入到图 3-52 所示的自动修调界面。

第二步：自动修调。在图 3-52 所示自动修调界面的菜单栏选中【连续】（【连续】和【停止】按钮在同一位置，分时显示），然后单击【开始修调】按钮，自动校表系统便会按照图 3-52 左侧列出的项目从"广播抄表号"开始进行自动修调，直至所有项目修调结束。

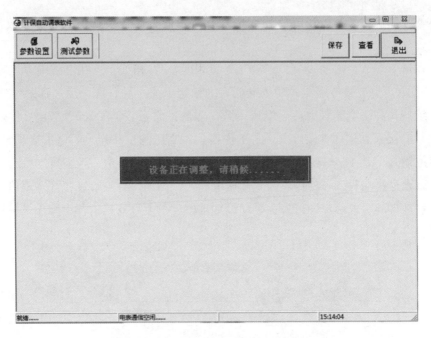

图 3-51　自动校表软件的参数传递界面

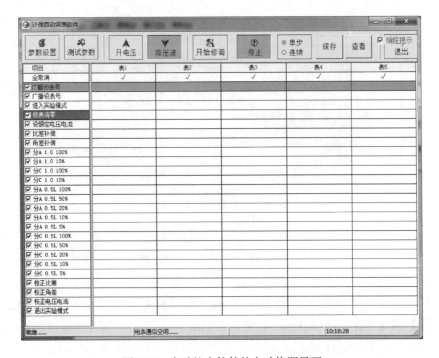

图 3-52　自动校表软件的自动修调界面

第三步：检验实测误差值是否满足误差限值要求。自动修调完成后，需要测试经过自动校表后的各测试点的实测误差是否合格，即再次进行基本误差试验。所以需要关闭自动校表软件，打开高压电能计量设备检验装置的检验软件，进入到图 3-15 所示检验操控界面，单击【连续】按钮连续检验各测试点的误差，在所有测试点的实测误差均已测试完毕后，检验软件会自动调低高压电能计量设备检验装置的输出电流、电压信号的量值，并弹出图 3-53 所示的检验软件的规程检验提示框。

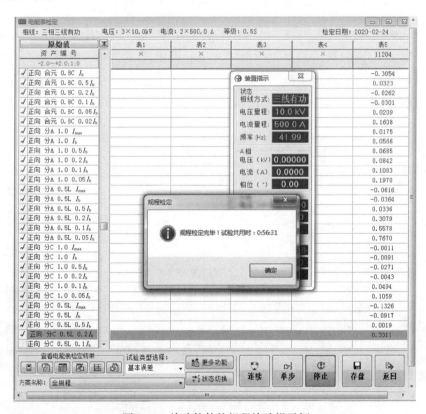

图 3-53　检验软件的规程检验提示框

第四步：数据存储。如果执行完检验方案中所有测试点的测试试验后，误差均合格，则单击图 3-53 所示的【存盘】按钮，会出现图 3-54 所示的数据存盘对话框。在该对话框中输入检验（检验员）、审核（审核员）、主管、温度、湿度等信息后，单击【存盘退出】按钮，便会退出数据存储界面。

（3）影响量试验。除上述基本误差试验项目外，还有其他若干试验项目。这里主要介绍其中的影响量试验，其操控界面如图 3-28 所示。

图 3-54　检验软件的数据存盘对话框

1）电压影响量（＋20％）试验：在施加 120％的额定电压条件下进行试验，在图 3-28 所示影响量试验操控界面中，试验类型选择"电压影响（＋20％）"，单击【单步】按钮，待电压上升到 12kV 后，对检验方案中设置的所有测试点进行误差测试，操控界面如图 3-55 所示。

图 3-55　电压影响量（＋20％）试验的操控界面

2）电压影响量（＋10％）试验：在施加 110％的额定电压条件下进行试验，在图 3-28 所示影响量试验操控界面中，试验类型选择"电压影响（＋10％）"，单击【单步】按钮，待电压上升到 11kV 后，对检验方案中设置的所有测试点进行误差测试，操控界面如图 3-56 所示。

3）电压影响量（－20％）试验：在施加 80％的额定电压条件下进行试验，在图 3-28 所示影响量试验操控界面中，试验类型选择"电压影响（－20％）"，单击【单步】按钮，待电压上升到 8kV 后，对检验方案中设置的所有测试点进行误差测试，操控界面如图 3-57 所示。

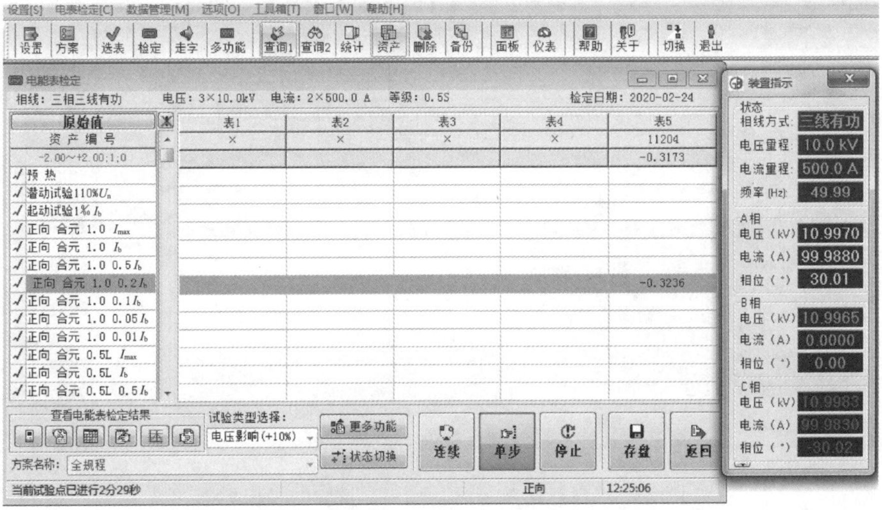

图 3-56　电压影响量（＋10％）试验的操控界面

图 3-57　电压影响量（－20％）试验的操控界面

4）电压影响（－10％）：在施加 90％ 的额定电压条件下进行试验，在图 3-28 所示影响量试验操控界面中，试验类型选择"电压影响（－10％）"，单击【单步】按钮，待电压上升到 9kV 后，对检验方案中设置的所有测试点进行误差测试，操控界面如图 3-58 所示。

图 3-58 电压影响量（-10%）试验的操控界面

5）频率影响量（+2%）试验：在额定频率增加 2% 条件下进行试验，在图 3-28 所示影响量试验操控界面中，试验类型选择"频率影响（+2%）"，单击【单步】按钮，待频率达到 51Hz 后，对检验方案中设置的所有测试点进行误差测试，操控界面如图 3-59 所示。

图 3-59 频率影响量（+2%）试验的操控界面

6）频率影响量（－2％）试验：在额定频率减小 2％条件下进行试验，在图 3-28 所示影响量试验操控界面中，试验类型选择"频率影响（－2％）"，单击【单步】按钮，待频率达到 49Hz 后，对检验方案中设置的所有测试点进行误差测试，操控界面如图 3-60 所示。

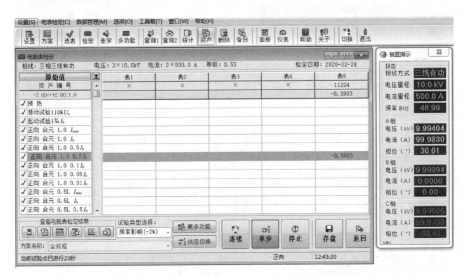

图 3-60　频率影响量（－2％）试验的操控界面

（4）走字试验。单击图 3-4 窗体菜单栏下的【走字】按钮，进入图 3-29 所示走字试验操控界面，选择已经编辑完成的试验方案。本书示例为，选择方案 3 开展走字试验，即让被检传感器式高压电能表在"电压：10kV，电流：250A，功率因数：1.0"的条件下运行 10min。

选中具体走字试验方案后，单击图 3-29 所示界面中的【升电压】按钮，然后，等待检验软件监视器显示的输出电压达到稳定状态，操控界面如图 3-61 所示。

待检验软件监视器显示的输出电压稳定后，采用抄表工具抄收被检传感器式高压电能表当前计量到的电能值，图 3-62 所示为抄收走字试验的初始电能值，其中，数据标识 00010000 对应的数据 00015941 即为本次走字试验的初始电能值。

单击图 3-61 所示走字试验方案 3 的操控界面中的【单段走字】按钮，会自动给被检传感器式高压电能表施加所设定的电流值，随即，走字试验正式开始。

走字试验结束后，检验软件会自动调低电流、电压输出值，并在图 3-63 所示操控界面左下方显示"走字结束！"字样，并且给出三相标准电能表走字量等数据和部分参数，本次走字试验中三相标准电能表给出的走字量为 761.8437。

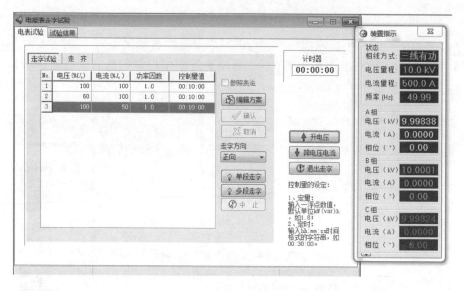

图 3-61　走字试验方案 3 的操控界面

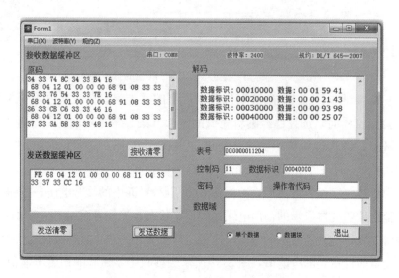

图 3-62　抄收走字试验的初始电能值

为抄收走字试验结束时的电能值，需要再次单击走字试验操控界面的【升电压】按钮，待检验软件监视器显示的输出电压稳定后，采用抄表软件抄收被检传感器式高压电能表当前计量到的电能值，根据图 3-64 可知，数据标识 00010000 对应的数据 00016702 即为本次走字试验结束时计量到的电能值。

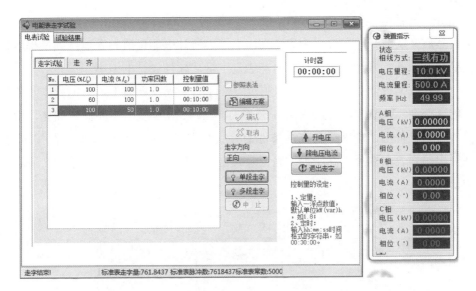

图 3-63 走字试验结束界面

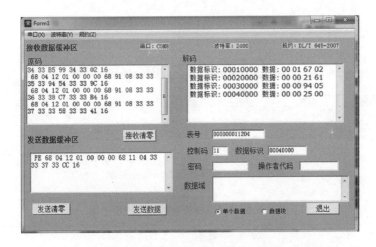

图 3-64 抄收走字试验的结束电能值

根据图 3-62 和图 3-64 所读取的 2 个数据,可得被检传感器式高压电能表在本次走字试验中的走字量为 167.02－159.41＝7.61,即为 761kWh。而由图 3-63 可知,三相标准电能表走字量为 761.8437kWh。由以上两项数据即可计算出被检高压电能计量设备的走字误差。

在 DL/T 645—2007《多功能电能表通信协议》中,电能值最大可计到 999999kWh,高压电能表在"电压 10kV,电流 250A,功率因数 1.0"条件下运行 10min 所计电能量为 761kWh，那么，仅需 9 天时间电能值就会累计到最大值，然后又从 0 开始累计。为避免高压电能表所计电能量值频繁地达到量程后切换到 0 重新开始累计，可将高压电能表走字量从软件设计上缩小。

（5）数据查询。在图 3-4 所示的检验软件的主操控界面上，单击窗体菜单栏下的【查询1】按钮，会进入图 3-65 所示检验数据管理操控界面，如此，可浏览、打印、备份、输出符合查询条件的检验数据。例如，单击【输出】按钮后，在弹出的列表中选择"高压表试验记录表格（Z）"项目，便可得到表 3-2 所示的输出数据。

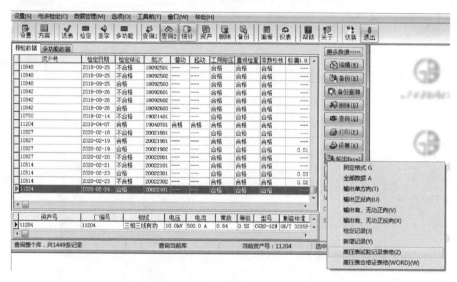

图 3-65　检验数据管理操控界面

表 3-2　　　　　　　　高压电能计量设备检验试验的输出数据

条件	I_{max}	I_b	$0.8I_b$	$0.5I_b$	$0.2I_b$	$0.1I_b$	$0.05I_b$	$0.02I_b$	$0.01I_b$
合相 1.0	0.0386	0.0342	0.0365	−0.063	−0.037	−0.03	−0.005	—	−0.094
分 A1.0	−0.0049	0.0406	0.0301	−0.181	−0.132	−0.144	−0.133	—	—
分 C1.0	0.0069	−0.004	0.0945	0.1221	0.1594	0.1794	−0.028	—	—
合相 0.5L	0.0775	0.1327	0.1626	−0.414	−0.183	−0.051	0.0793	0.068	—
分 A0.5L	0.1321	0.0899	0.2493	0.1162	0.1032	0.1767	0.2539	—	—
分 C0.5L	−0.0279	−0.036	−0.38	−0.126	0.0403	0.0374	0.235	—	—
合相 0.8C	0.234	0.2404	−0.39	0.1092	0.0394	−0.015	−0.043	−0.112	—

注：型号为 CGDS-12N；规格为 500A；等级为 0.5S；温度为 20℃；湿度为 12%。

第四节　智能型高压电气开关设备计量性能的检验

智能型高压电气开关设备等新型高电压设备具备电能计量功能，可以用高压电能计量设备检验装置对其中电能计量模块的准确度进行检验。本节主要介绍对智能型高压电气开关设备的电能计量性能进行检验时的接线操作，有关检验软件的相关操作，请参考本章第三节的相关内容。

一、智能型高压电气开关设备简介

智能型高压电气开关设备是集高压开关和电能计量功能于一体的一种新型高电压设备，其实物外观如图 3-66 所示，它主要由高压电气开关设备本体、贯穿电子式电流互感器、电压传感器、控制箱等四部分组成。智能型高压电气开关设备借助贯穿电子式电流互感器和高压电压传感器，将高电压侧的电流、电压信号转换成可直接输入到电能计量单元的信号，电能计量单元所计得的电能量，不仅可作为电能计量的结果，还可被进一步分析和应用，从而实现故障检测、保护控制等功能。

图 3-66　智能型高压电气开关设备实物外观

智能型高压电气开关设备中所用的开关设备本体，可以是断路器或负荷开关，例如，以断路器为本体的智能型高压电气开关设备，具备断路器的开断能力，可用于开断或闭合空载、正常负荷、过载及短路条件下的高电压线路。若将其安装在 10kV 架空线路责任分界点，可以实现自动切除单相接地故障和自动隔离短路故障等功能，是配电线路改造和配电自动化建设所需的新型产品。

二、对智能型高压电气开关设备进行检验的接线操作

与检验传感器式高压电能表相类似，在使用高压电能计量设备检验装置对智能型高压电气开关设备进行检验时，需要在检验方案中填写被检验设备的相关参数。因此，应提前获知被检智能型高压电气开关设备的额定电流、额定电压等参数。本节所述智能型高压电气开关设备的主要参数如下。①类型：三相

119

三线。②表号：11205。③额定电流：500A。④额定电压：10kV。⑤脉冲常数：6400imp/kWh。

1. 将被检智能型高压电气开关设备推到高电压检验区

进入高电压检验区，要先将接地杆（也称"放电杆"）搭接到高电压大电流功率源的输出铜排（最下端）上。然后，将智能型高压电气开关设备放到运料小车上，推运到高电压大电流功率源所放置的高电压检验区，具体如图 3-67 所示。

2. A 相接线

智能型高压电气开关设备与高电压大电流功率源之间 A 相的接线操作，主要包括以下 2 个步骤。

步骤一：将试验接线用铜排的一端固定在高电压大电流功率源 A 相的输出端子（最下端的端子）上，并将螺栓拧紧；然后，将该铜排的另一端固定在智能型高压电气开关设备 A 相的高压输入端，具体如图 3-68 所示。

图 3-67　将智能型高压电气开关设备推运到高电压检验区的现场

步骤二：将试验接线用高电压导线的一端固定在智能型高压电气开关设备 A 相的高压输出端，然后，将高电压导线的另一端固定在高电压大电流功率源 A 相的输入端子（最上端的端子）上，并用螺栓拧紧，具体如图 3-69 所示。至此，A 相的试验接线就完成了。

3. C 相接线

智能型高压电气开关设备与高电压大电流功率源之间的 C 相试验接线与 A 相接线一样，也包括如下 2 个步骤。

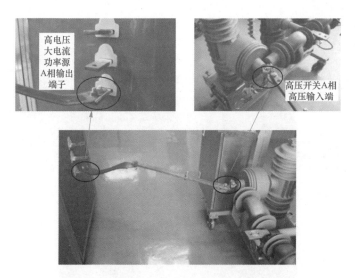

图 3-68　连接高电压大电流功率源与智能型高压
电气开关设备 A 相之间的铜排

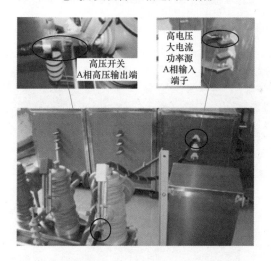

图 3-69　连接智能型高压电气开关设备与高电压
大电流功率源 A 相之间的高电压导线

步骤一：将另一个试验接线用铜排的一端，固定在高电压大电流功率源 C 相的输出端子（最下端的端子）上，并将螺栓拧紧；然后，将该铜排的另一端固定在智能型高压电气开关设备 C 相的高压输入端，具体如图 3-70 所示。

步骤二：将另一根试验接线用高电压导线的一端固定在智能型高压电气开关设备 C 相的高压输出端，然后，将高电压导线另一端固定在高电压大电流功率源

121

C 相的输入端子（最上端的端子）上，并用螺栓拧紧，具体如图 3-71 所示。至此，C 相接线完毕。

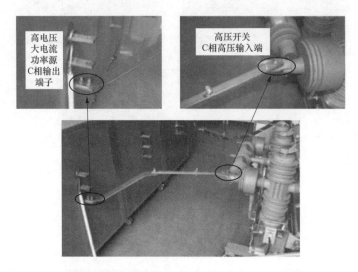

图 3-70　连接高电压大电流功率源与智能型高压电气开关设备 C 相之间的铜排

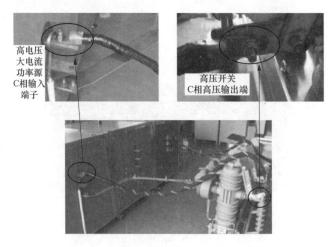

图 3-71　连接智能型高压电气开关设备与高电压大电流功率源 C 相之间的高电压导线

4. B 相接线

由于被检验的智能型高压电气开关设备适用于三相三线制不直接接地的配电网，因此，B 相接线无需形成回路，只需将第 3 个试验接线铜排的一端固定在高电压大电流功率源 B 相的输出端子（最下端的端子）上，并将螺栓拧紧；然后，将该铜排的另一端固定在智能型高压电气开关设备 B 相的高压输入端，如此，B 相接线的操作就完成了，具体如图 3-72 所示。

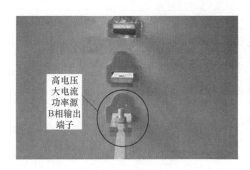

图 3-72 连接智能型高压电气开关设备与高电压大电流功率源 B 相之间的铜排

5. 通信线路（十芯屏蔽线）的试验接线

智能型高压电气开关设备与高压电能计量设备检验装置之间的通信，采用十芯屏蔽线进行连接，主要用于传输电能脉冲、RS-485 通信信号、编程键信号等信息。由于十芯屏蔽线的一端已与高压电能计量设备检验装置连接，因此通信线路接线只需将十芯屏蔽线另一端的航空插头（母头）插到被检智能型高压电气开关设备侧面的航空插头（公头），具体如图 3-73 所示。

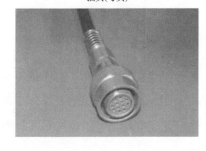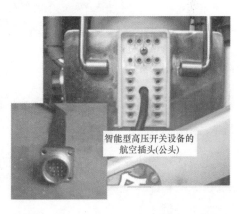

图 3-73 高压电能计量设备检验装置与智能型高压电气开关设备之间的通信线路接线

6. 接地线

为保证智能型高压电气开关设备的正常运行，需将接地线连接到智能型高压电气开关设备的接地端上，并用螺栓固定好，具体如图 3-74 所示。

图 3-74　智能型高压电气开关设备的接地线

7. 接线完毕

所有接线操作完毕后，将接地杆从高电压大电流功率源的输出端移走，拉好警示带，具体如图 3-75 所示。需要注意的是，一定要将接地杆移走后，才能进行下一步的检验操作。

接地杆已移除

图 3-75　接线完成及移走接地杆

三、智能型高压电气开关设备计量性能的检验过程

智能型高压电气开关设备的额定电流、额定电压等参数以及电能计量单元的结构，均与传感器式高压电能表一样，因此，对智能型高压电气开关设备电能计量性能检验的软件操作流程，可参考本章第三节传感器式高压电能表的检验过程，这里不再赘述。

高压电能计量设备检验装置不仅可以对高压电能表、具有高压电能计量功能的各种新型高电压设备进行检验，也可对传统高压电能计量设备的准确度进行检验，但考虑到利用高压电能计量设备检验装置对传统高压电能计量设备进行检验的相关内容不是本书重点，故以附录形式提供，仅供参考。

第四章　传感器式高压电能表的现场安装与检验故障案例分析

第一节　传感器式高压电能表现场安装的准备工作

本节主要介绍在对传感器式高压电能表进行现场安装前应准备的工具，负责通信的采集终端，以及安装传感器式高压电能表所使用的支架。

一、传感器式高压电能表现场安装用的工具

为到现场去安装传感器式高压电能表，施工队需要准备适量的 M10×35、M12×35螺栓、平垫、弹垫，以及 Φ6 内六角扳手、17/19 扳手等工具和配件；同时，还需要准备与所施工的输电线路相同规格的高压电缆若干米，以及接地材料若干。

二、传感器式高压电能表、采集终端及安装支架

1. 传感器式高压电能表

本节主要介绍图 4-1 所示 CGDS-12N 型传感器式高压电能表进行现场安装前的准备工作。CGDS-12N 型传感器式高压电能表的主要参数如下。①类型：三相三线。②表号：11204。③额定电流：500A。④额定电压：10kV。⑤脉冲常数：6400imp/kWh。

2. 采集终端

为保护传感器式高压电能表的计量数据采集和 GPRS 远程抄表功能单元免受雨雪等天气条件的干扰，将它们封装

图 4-1　CGDS-12N 型传感器式高压电能表

在玻璃钢表箱或不锈钢表箱内，形成采集终端。采集终端的安装方案有 2 种：方案

一是在传感器式高压电能表出厂前，就要求生产厂家将该功能单元安装到传感器式高压电能表的底腔内，这样在现场安装传感器式高压电能表时，就无需再单独安装采集终端；方案二是借助安装支架单独安装采集终端，这种方案，具有便于更换采集终端内的 SIM 卡等优势，采集终端的表箱及其安装支架如图 4-2 所示。

图 4-2　采集终端的表箱及其安装支架

3. 安装支架

安装支架包括采集终端的安装支架和传感器式高压电能表的安装支架 2 种，其中，采集终端的安装支架如图 4-2 所示。传感器式高压电能表的安装支架分为抱箍式和侧装抱箍式两种，分别如图 4-3（a）、（b）所示。在使用这 2 种安装支架时，还需要有配套使用的螺丝、螺栓、垫片、扳手等辅助装配件以及安装工具，才能完成固定工作。

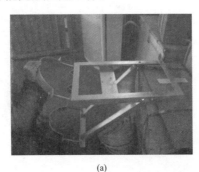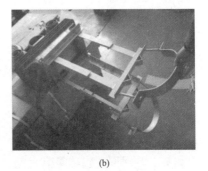

(a)　　　　　　　　　　　　　　　(b)

图 4-3　传感器式高压电能表的安装支架

（a）抱箍式；（b）侧装抱箍式

第二节　传感器式高压电能表的安装

本节主要介绍传感器式高压电能表进行现场安装的操作流程、注意事项和几种不同的安装方式，并给出传感器式高压电能表在室内、室外恶劣环境中的应用示例。

一、传感器式高压电能表的安装过程

传感器式高压电能表的安装过程，主要包括如下 7 个步骤。

第一步：查看安装现场。在安装传感器式高压电能表之前，需要提前查看安装现场，如图 4-4 所示，以确定需要安装传感器式高压电能表的电线杆、合适的安装位置以及安装方式（即具体需要采用抱箍式安装支架还是侧装抱箍式安装支架）。

第二步：固定传感器式高压电能表的安装支架。将传感器式高压电能表的安装支架，固定到相应电线杆的合适位置，具体如图 4-5 所示。

第三步：固定传感器式高压电能表。借助吊环绳索，将传感器式高压电能表逐渐提升到已固定在电线杆合适位置的安装支架上，然后，将其用螺栓固定在该安装支架上，具体如图 4-6 和图 4-7 所示。

第四步：安装接地线。在传感器式高压电能表的底座上设有接地端子，其位置示意如图 4-8 所示。在安装传感器式高压电能表时，必须做到将该接地端子可靠接地，以保证传感器式高压电能表能够安全运行。GB/T 32856—2016《高压电能表通用技术要求》中 5.4 的"接线端子"规定："仪表的接地端子（若有）用 N 或接地符号'⏚'标志"。

图 4-4　查看安装现场

图 4-5　固定传感器式高压电能表的安装支架

图 4-6 将传感器式高压电能表
固定于安装支架上

图 4-7 传感器式高压电能表已被
固定于抱箍式安装支架上

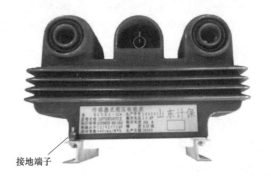

接地端子

图 4-8 传感器式高压电能表接地端子的位置示意

第五步：将传感器式高压电能表接入高电压导线。将传感器式高压电能表接入高电压导线的具体操作是，取 3 段长度适中的高电压导线分别穿过传感器式高压电能表 3 个中空凸起处的通孔，然后，旋紧传感器式高压电能表各相的顶针，最后，再将 3 段高电压导线的两端按相序分别接入高压配电线路，操作完成后的效果示意如图 4-9 所示。

传感器式高压电能表为每相高电压导线都设置有 1 个压线环（环形、带顶针），用于在两者之间提供稳定的连接点。在将传感器式高压电能表接入高电压导线过程中，要先使用 Φ6 内六角扳手使顶针后退，以留出足够大的通孔径，让高电压导线能够顺利穿过；待三相高电压导线都穿过传感器式高压电能表相应凸起处的通孔后，再将各相的顶针向下旋到底，以使之确实扎入高电压导线，并保持牢靠、稳定地接触，具体如图 4-10 所示。

图 4-9　穿过传感器式高压电能表的高电压导线及其与高压配电线的连接示意

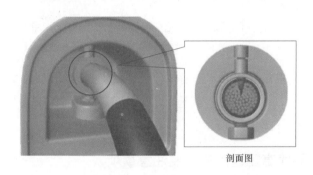

剖面图

图 4-10　用顶针压牢穿过传感器式高压电能表中空凸起处通孔的高电压导线

需要注意的是，当施工地点的配电线路是没有开断点的、完整的高电压导线时，就需要将安装高压电能表处的配电线路断开，然后采用第五步所述的操作步骤，即利用施工人员自行准备的 3 段高电压导线穿过传感器式高压电能表的中空凸起处通孔，再将高电压导线的两端分别连接到两侧的配电线路上。如果施工地点的配电线路是有开断点或接触点的高电压导线，则应该取消接触点之间原有的连接线，而改用施工人员自行准备的、穿过传感器式高压电能表的高电压导线去替代接触点间原有的连接线，连接到两侧的配电线路上。

第六步：连接传感器式高压电能表和采集终端。传感器式高压电能表的底板上装有 1 个防水插座，它是传感器式高压电能表与采集终端的数据接口，其具体位置及外观细节，分别如图 4-11 （a）、（b） 所示。采集终端的不锈钢箱自带 1 根10m 长的黑色屏蔽线，该屏蔽线带有 1 个防水插座。在安装传感器式高压电能表时，需要用力按紧采集终端屏蔽线上的防水插座与传感器式高压电能表的底板上的插座，以使得两者能够做到可靠连接。

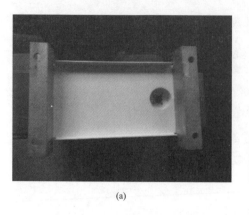
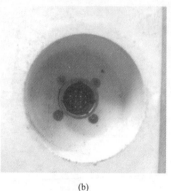

（a）　　　　　　　　　　　　　　　　（b）

图 4-11　传感器式高压电能表底座上安装的防水插座
（a）防水插座的具体位置；（b）防水插座的外观细节

第七步：固定采集终端（若需要单独安装采集终端）。单独安装采集终端时，需借助安装支架，即在电线杆上离地 2.5～3m 高的位置，利用安装支架将采集终端固定好，具体如图 4-12 所示。

二、传感器式高压电能表安装注意事项

（1）在传感器式高压电能表的外表面上，刻有图 4-13 所示的"P1"标识，它表示在穿过传感器式高压电能表中空凸起处通孔的高电压导线中，电流的正方向是从标有"P1"的一侧流向另外一侧。因此，施工人员在将高电压导线的两端分别连接到两侧的配电线路时，应根据"P1"标识的提示进行操作，以保证高电压导线中电流的流向是正确的。

（2）传感器式高压电能表的外表面上，还刻有图 4-14 所示的"A""B""C"三相的相序标识，用于指示三相高电压导线应按相序标志分别穿过传感器式高压电能表中空凸起处的通孔。在安装传感器式高压电能表时，配电线路的电流方向，以及 A、B、C 三相的

图 4-12　传感器式高压电能表和采集终端在电线杆上的安装位置示意

相序，均须与传感器式高压电能表上的标识保持一致。

由于 GB/T 32856—2016《高压电能表通用技术要求》中 5.4 的"接线端子"

规定："三相电压接入端子用 A、B、C 标志，三相电流极性端子用 P1 标志"，所以设置了以上两类标志。

图 4-13　传感器式高压电能表外壳上刻有的"P1"标识

图 4-14　传感器式高压电能表外壳上刻有的"A""B""C"三相的相序标志

（3）传感器式高压电能表质量约为 37kg，因此，在吊装传感器式高压电能表时，相应的绳索要捆扎牢固。而且在提升传感器式高压电能表的高度时，应尽可能使其免受磕碰，以免造成损伤。

三、传感器式高压电能表的安装方式

传感器式高压电能表的安装方式，可根据所采用安装支架的不同，分为抱箍式和侧装抱箍式，这两种安装方式的现场效果分别如图 4-15（a）、（b）所示。

传感器式高压电能表可以应用在室内、室外的不同工作环境中，图 4-16（a）、（b）分别展示了将传感器式高压电能表安装在 4000kVA 电炉变压器和高压配电室（强电磁干扰）等室内恶劣环境下的现场效果。图 4-17（a）、（b）、（c）分别展示的是传感器式高压电能表在化工厂（化学腐蚀）、山区（潮湿）、油田

（油污污染）等室外恶劣环境中的安装效果。而传感器式高压电能表在这些环境中的挂网运行数据表明，其能够克服室内、室外各种恶劣条件的干扰，可以准确且稳定地计量电能量。

(a)　　　　　　　　　　　(b)

图 4-15　传感器式高压电能表的安装方式

（a）抱箍式安装方式；（b）侧装抱箍式安装方式

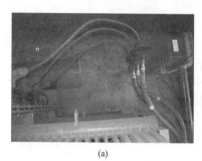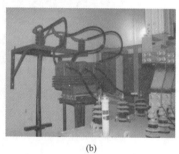

(a)　　　　　　　　　　　(b)

图 4-16　传感器式高压电能表在室内恶劣环境的应用示例

（a）安装在 4000kVA 电炉变压器处；（b）安装在高压配电室

(a)　　　　　　　(b)　　　　　　　(c)

图 4-17　传感器式高压电能表在室外恶劣环境中的应用示例

（a）在化工厂等恶劣环境下运行；（b）在西双版纳自治州山间运行；（c）在油田地区运行

第三节　传感器式高压电能表检验故障案例分析

在使用高压电能计量设备检验装置检验传感器式高压电能表时，可能会出现"滋滋"的异常响声，以及合相误差超差但分相误差合格等异常现象。出现这些异常现象的原因，往往是因为检验的操作出现了问题。对此，需要及时进行排查，以尽快解决问题。本节以 2 种异常情况为例，阐述如何排查检验故障的原因并纠正错误的检验操作。

案例一　检验传感器高压电能表过程中伴随有异常响声

【故障描述】用高压电能计量设备检验装置对传感器式高压电能表进行基本误差检验。被检验的传感器式高压电能表的额定电流为 500A，额定电压为 10kV，适用于三相三线制配电网。在检验过程中，给被检传感器式高压电能表施加规定的电流和电压时，在高压电能计量设备检验装置的高电压区出现有"滋滋"的异常响声。

【故障分析】传感器式高压电能表在正常运行时是不会发出异常响声的，但是如果高压电能计量设备检验装置与传感器式高压电能表之间的高压一次电流回路开路，就会表现为在检验过程中发出"滋滋"的异常响声。

【故障排查】

在检验传感器式高压电能表的过程中，高电压区的异常响声通常表明高压电能计量设备检验装置或者被检传感器式高压电能表的工作状态不正常，或者是两者之间的连接回路出现了问题，对此需要及时进行排查，以尽快解决问题。在排查时，应先检查传感器式高压电能表，即对被检传感器式高压电能表仅施加额定电压，而不施加电流，如果此条件下高电压区不再出现异常响声，而且被检传感器式高压电能表可以正常工作，则基本可以判定是高压电能计量设备检验装置与被检传感器式高压电能表之间的电流接触点断开导致出现了异常响声。然后，应按照操作规程，重新连接电流回路的接线，并检验之前曾出现的异常响声问题是否得到了解决。具体的操作步骤如下：

（1）进入"任意点检验"项目的操控界面。"选表"操作结束后即进入在图 4-18 所示检验操控界面，单击【更多功能】按钮，在弹出的菜单中单击【选择任意点检验】项目，会出现图 4-19 所示的"任意点检验"项目的操控界面。

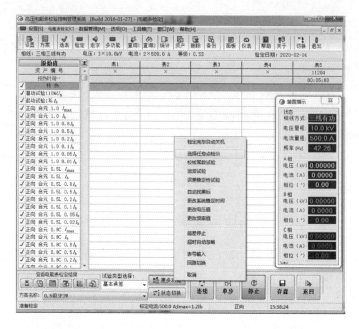

图 4-18　在检验操控界面单击"选择任意点检验"项目

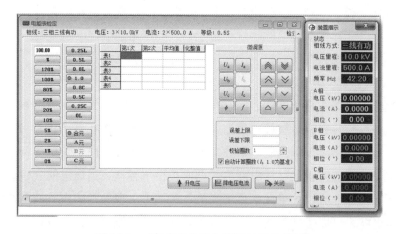

图 4-19　"任意点检验"项目的操控界面

（2）检查被检传感器式高压电能表的工作状况。单击图 4-19 所示"任意点检验"项目操控界面上的【升电压】按钮，使高压电能计量设备检验装置的输出电压逐渐升至 10kV。待所施加的高电压稳定后，抄收被检传感器式高压电能表计量的电能量数据，若有电能量数据输出，说明被检传感器式高压电能表本身没有任何问题，具体如图 4-20 所示。

图 4-20 施加给被检传感器式高压电能表的高电压稳定后检验软件测取到的相关数据

（3）撤掉（2）中给被检传感器式高压电能表施加的高电压。单击图 4-19 所示"任意点检验"项目操控界面上的【降电压电流】按钮，直至监视仪表显示出高压电能计量设备检验装置的输出电压、电流降至零，且高压警示灯变为绿灯并闪烁，即此时高电压区已不处在高电压工作状态，操作人员进入高电压区是安全的，具体如图 4-21 所示。

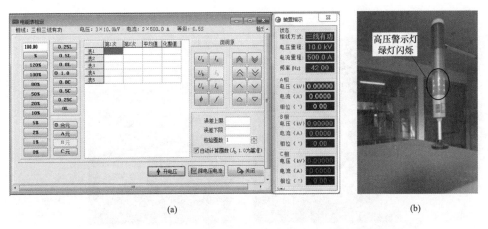

(a)   (b)

图 4-21 高压电能计量设备检验装置的输出电压、电流降至零的标志
（a）监视仪表显示界面；（b）高压警示灯绿灯闪烁提示

（4）做好接地工作。进入高电压区，搭好接地杆，为后续检查高压电能计量设备检验装置与被检传感器式高压电能表之间的电流回路接线做好准备，具体如图 4-22 所示。

图 4-22　在无电压电流状态下将高压电能计量设备检验装置的接地杆搭好

（5）检查电流回路、电压回路的接触点是否有松动并进行加固。应检查穿过被检传感器式高压电能表的高电压导线与高压电能计量设备检验装置的输出端子、输入端子之间的接触点是否做到了可靠连接，如果存在松动情况，就必须进行加固操作。此外，还要用万用表测量被检传感器式高压电能表三个中空凸起处通孔中的顶针与高电压导线的连接状态，并用内六角扳手进行调整，以确保各个顶针都与穿过通孔的高电压导线之间实现了可靠接触，这一过程的具体操作如图4-23 所示。

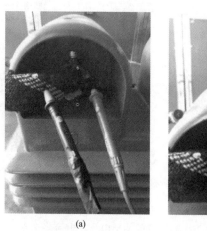

确保顶针与
高电压导线
接触良好

(a)　　　　　　　　　　　　(b)

图 4-23　确保顶针与高电压导线可靠接触的检查示意
（a）用万用表检测连接状态；（b）用内六角扳手进行调整

（6）结束排查工作。移除接地杆，并将其放回到规定的位置，再拉好警示带。排查工作完成后的接线状态示意如图4-24 所示。

图 4-24　排查工作完成后的接线状态示意

（7）验证异常响声问题是否已解决。上述排查步骤完成后，给被检传感器式高压电能表施加与排查前同样的电压和电流，如果不再出现之前那样的异常响声，就表明该异常故障已得到了解决。

案例二　合相误差超差但分相误差合格

【故障描述】在检验一台三相三线制传感器式高压电能表的测量误差时，检验软件显示出其合相误差为 99.99 或者 A.000（这两种显示状态均表示，此条件下的误差试验处于异常状态），而再测分相误差时，却都处在合格范围内，具体的操作过程如下。

1. 检查合相误差

根据电压 10kV、合相（或称"合元"）电流取 I_b、功率因数 1.0 的测试条件，向被检传感器式高压电能表施加电压和电流，检验软件的误差接收窗显示出的测量误差为 A.000，具体如图 4-25 所示。

2. 检查分相误差

根据电压 10kV、A 相电流取 I_b、功率因数 1.0 的测试条件，向被检传感器式高压电能表施加电压和电流，检验软件的误差值区域显示的误差为 0.0826，即表明 A 相的测量误差在合格范围内，具体如图 4-26 所示。

根据电压 10kV、C 相电流取 I_b、功率因数 1.0 的测试条件，向被检传感器式高压电能表施加电压和电流，检验软件的误差值区域显示的误差为 -0.4845，即表明 C 相的测量误差也在合格范围内，具体如图 4-27 所示。

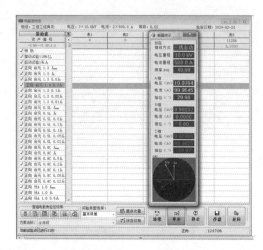

图 4-25　在电压 10kV、合相电流取 I_b、功率因数 1.0 测试条件下所得误差

图 4-26　在电压 10kV、A 相电流取 I_b、功率因数 1.0 测试条件下所得误差

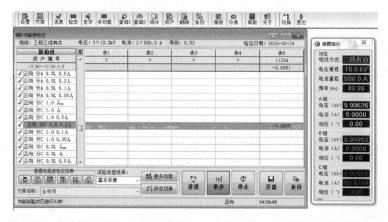

图 4-27　在电压 10kV、C 相电流取 I_b、功率因数 1.0 测试条件下所得误差

【故障分析】合相误差超差但分相误差合格的现象，一般是由一相电流回路接线正常，而另一相电流回路接反造成的。在实际操作中，可以借助走字试验来判断电流回路的接线是否存在错误。例如，在检验 A 相电流回路的接线时，只对被检传感器式高压电能表的 A 相回路开展走字试验，即只给被检传感器式高压电能表的 A 相施加额定电压和电流，运行 5min 左右，抄收这期间被检传感器式高压电能表计量得到的正向有功和反向有功电能量值。如果在走字试验期间，被检传感器式高压电能表的正向有功电能量值发生了变化，但反向有功电能量值却不变，就说明 A 相的接线是正常的；反之，说明 A 相接反了。对 C 相电流回路的接线检查过程，与对 A 相电流回路的检查是相同的。

【故障排查】

1. 借助走字试验检查 A 相电流回路接线是否有误

在图 3-29 所示走字试验的操控界面上，设定走字试验方案为，只给被检传感器式高压电能表 A 相施加额定的电压和电流（电流大小为 I_b、功率因数 1.0），运行 5min 左右，用抄表软件抄收被检传感器式高压电能表在走字试验起始和结束时计量得到的正向有功电能量值和反向有功电能量值。根据图 4-28 显示的数据可知，被检传感器式高压电能表计量得到的正向有功电能量值逐渐变大，而反向有功电能量值却没有改变，这表明，被检传感器式高压电能表的 A 相在正向走字，即其 A 相电流回路的接线是正确的。

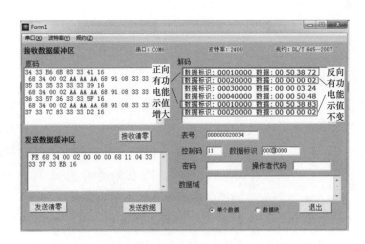

图 4-28　在电压 10kV、A 相电流取 I_b、

功率因数 1.0 测试条件下进行走字试验所得数据

2. 借助走字试验检查 C 相电流回路接线是否有误

在图 3-29 所示走字试验的操控界面上，设定走字试验方案为，只给被检传感器式高压电能表 C 相施加额定的电压和电流（电流大小取 I_b、功率因数 1.0），运行 5min 左右，用抄表软件抄收被检传感器式高压电能表在走字试验起始和结束时计量得到的正向有功电能量值和反向有功电能量值。根据图 4-29 显示的数据可知，被检传感器式高压电能表计量得到的反向有功电能量值逐渐变大，而正向有功电能量值却未改变，这表明，被检传感器式高压电能表的 C 相在反向走字，即说明其 C 相电流回路的接线是有误的。

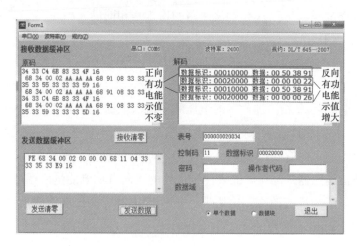

图 4-29 在电压 10kV、C 相电流取 I_b、

功率因数 1.0 测试条件下进行走字试验所得数据

3. 纠正错误接线

单击图 4-25 所示操控界面的【停止】按钮，直至监视仪表显示出高压电能计量设备检验装置输出的电流、电压都降到零（如图 4-30 所示），并且高压警示灯变为绿灯闪烁（如图 4-21（b）所示）后，操作人员方可进入试验场地的高电压区内，搭好接地杆，检查并纠正 C 相高电压导线的接线方向。

4. 验证合相误差超差但分相误差合格问题是否得到解决

排查工作结束并将错误接线纠正后，移除接地杆，拉好警示带。在图 3-29 所示走字试验的操控界面上，设定走字试验方案为，只给被检传感器式高压电能表 C 相施加额定的电压和电流（电流大小取 I_b、功率因数 1.0），运行 5min 左右，用抄表软件抄收被检传感器式高压电能表在走字试验起始和结束时计量得到的正向有功电能量值和反向有功电能量值。根据图 4-31 显示的数据可知，被检传感器式高压电能表计量得到的正向有功电能量值逐渐变大，而反向有功电能量值却未改变，这表明，被检传感器式高压电能表的 C 相在正向走字，即表明其 C 相电流回路的接线已是正确的。

图 4-30 停止传感器式高压电能表检验的操控界面示意

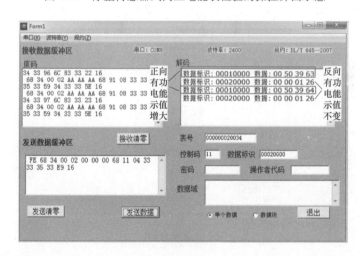

图 4-31 在电压 10kV、C 相电流取 I_b、功率因数 1.0 测试条件下进行走字试验所得数据

与图 4-25 中所示操作类似，根据电压 10kV、合相电流大小取 I_b、功率因数 1.0 的测试条件，向被检传感器式高压电能表施加电压和电流，检验软件的误差值区域显示的误差为－0.0575。这表明，前述的合相误差超差的故障已经被排除，具体如图 4-32 所示。

图 4-32 在电压 10kV、合相电流取 I_b、功率因数 1.0 测试条件下所得误差

附录　利用高压电能计量设备检验装置对传统高压电能计量设备进行检验

高压电能计量设备检验装置不仅可以对高压电能表、具有高压电能计量功能的各种新型高电压设备进行检验，也可对传统高压电能计量设备的准确度进行检验，本附录主要介绍对传统高压电能计量设备进行检验时的接线操作，并说明了在检验软件操作方面与检验传感器式高压电能表的区别。

一、传统高压电能计量设备简介

本书第一章第一节已经详细阐述了传统高压电能计量设备的基本结构、工作原理以及存在的问题。本附录以图1所示的"高压组合互感器＋（低压）电能表"形式的传统高压电能计量设备为例，介绍如何利用高压电能计量设备检验装置对其进行检验。

本附录所述高压组合互感器，是环氧树脂浇注、加强绝缘、三相三线户外型电流电压组合式互感器产品，其主要性能参数如下。①最高电压：12kV。②额

图1　传统高压电能计量设备实物

定绝缘水平：12/42/75kV。③耐压类型：直流电压、工频电压、倍频电压。④额定电流变比：15/5A。⑤额定电压变比：10/0.1kV。⑥准确度级（电流）：0.2S。⑦准确度级（电压）：0.2。⑧额定频率：50Hz。⑨设备种类：户外。

所选用（低压）电能表的主要参数为：①类型：三相三线。②脉冲常数：6400imp/kWh。③额定电流：1.5（6）A。④额定电压：100V。

二、对传统高压电能计量设备进行检验的接线操作

1. 将被检高压组合互感器推到高电压检验区

进入高电压检验区，先将接地杆（也称"放电杆"）搭接到高压电能计量设备检验装置的高电压大电流功率源的输出铜排（最下端）上。然后，将高压组合互感器（如图2所示）放到运料小车上，推运到放置高电压大电流功率源的高电压检验区。

高压组合互感器外壳上有如图3所示的标识，标有AP1（A相输入）、AP2（A相输出）、CP1（C相输入）、CP2（C相输出），为方便实施检验，其标有AP1、CP1的端面应朝向高电压大电流功率源。

 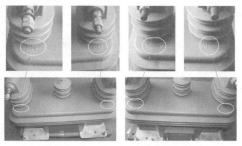

图2　高压组合互感器实物　　　　图3　高压组合互感器外壳上的标识

2. A相接线

高压组合互感器与高电压大电流功率源之间的A相接线要分两步进行，即包括如下2个步骤。

步骤一：将高电压导线的一端固定在高电压大电流功率源A相的输出端子（最下端），并将螺栓拧紧，然后将高电压导线的另一端固定在高压组合互感器A相的输入端（AP1），具体如图4所示。

步骤二：另取一根高电压导线，将其一端固定在高压组合互感器A相的输出端（AP2），另一端连接到高电压大电流功率源A相的中间端子（此端子要求被检设备最大测试电流在200A以下），并用螺栓拧紧，具体如图5所示。至此，A相接线已完毕。

3. C相接线

高压组合互感器和高电压大电流功率源之间的C相接线与A相接线一样，也包括如下2个步骤。

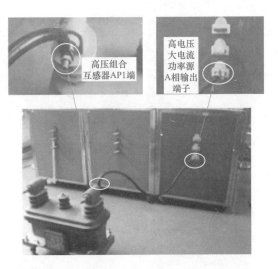

图 4　高压组合互感器与高电压大电流功率源的 A 相接线（步骤一）

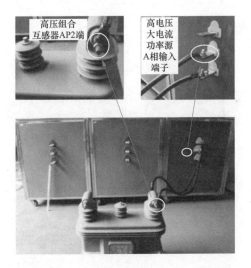

图 5　高压组合互感器与高电压大电流功率源的 A 相接线（步骤二）

　　步骤一：将高电压导线的一端固定在高电压大电流功率源 C 相的输出端子（最下端），并将螺栓拧紧；然后，将高电压导线的另一端固定在高压组合互感器 C 相的输入端（CP1），具体如图 6 所示。

　　步骤二：另取一根高电压导线，将其一端固定在高压组合互感器 C 相的输出端（CP2），另一端连接到高电压大电流功率源 C 相的中间端子，并用螺栓拧紧，具体如图 7 所示。至此，C 相接线完毕。

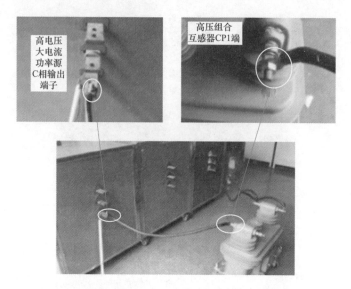

图 6　高压组合互感器与高电压大电流功率源的 C 相接线（步骤一）

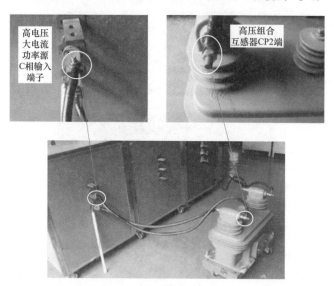

图 7　高压组合互感器与高电压大电流功率源的 C 相接线（步骤二）

4. B 相接线

由于被检验的传统高压电能计量设备适用于三相三线制不直接接地的配电网，因此，B 相无需构成回路，只需将高电压导线的一端固定在高电压大电流功率源 B 相的输出端子（最下端），并将螺栓拧紧；然后，将高电压导线的另一端固定在高压组合互感器 B 相的高压输入端，具体如图 8 所示。

5. 接地线

为保证高压组合互感器在运行期间能够正常工作，应将接地线连接到高压组合互感器的接地端上，并用螺栓固定好，具体如图 9 所示。

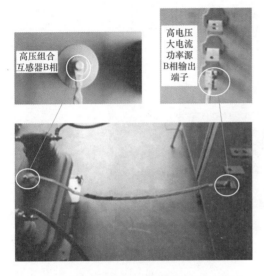

图 8　连接高压组合互感器与高电压大电流　　　图 9　高压组合互感器的接地线
　　　　功率源之间的 B 相接线

6. 高压组合互感器与（低压）电能表之间的二次回路接线

打开高压组合互感器侧面的铭牌，可以看到如图 10 所示的二次接线端子。（低压）电能表的接线端子定义以及接线如图 11 所示。

图 10　高压组合互感器侧面的铭牌以及后面的二次接线端子

（低压）电能表的端子 1 至端子 10，使用导线与高压组合互感器二次接线端子连接，端子 11、12、15、18 通过航空插头与高压电能计量设备检验装置相连，具体如图 12 所示。

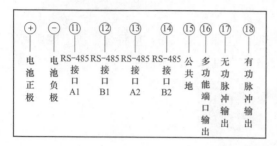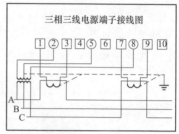

图 11　（低压）电能表的接线端子定义以及接线

图 12　（低压）电能表与高压电能计量设备检验装置的通信线路连接

7. 接线完毕

所有接线操作完毕后，将接地杆从高电压大电流功率源的输出端移开，拉好警示带，具体如图 13 所示。然后，才可再继续进行下一步的检验操作。

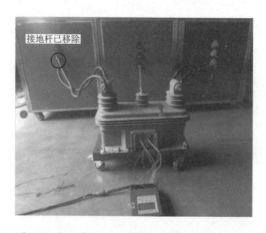

图 13　高压组合互感器的接线完成及移走接线杆后的现场图

三、传统高压电能计量设备的检验过程

传统高压电能计量设备检验过程的一个重要步骤，就是"选表"，即要确定被检传统高压电能计量设备的额定电压和额定电流。例如，对额定电压为 10kV、额定电流为 15A 的传统高压电能计量设备进行检验测试，在进行"选表"操作时，"标定电流"就要选择 15A。而随后的检验操作流程等，与传感器式高压电能表的检验过程相同，故请参考本书第三章第三节传感器式高压电能表的检验过程的相关介绍即可，这里不再赘述。

参 考 文 献

[1] 饶艳文，范杏元. 高压供电计量方式的选择 [J]. 电测与仪表，2012，49 (Z1)：80-83.

[2] 荣博，韩伟，陆玉芹. 高压电能整体检测的意义 [J]. 中国计量，2008 (6)：42-43.

[3] 郭琳云. 一体化高压电能计量装置及其在智能配网中的应用 [D]. 武汉：华中科技大学，2010.

[4] 荣博，宋增祥，赵振晓，等. 传感器式高压电能表 [C] // 中国电工技术学会. 全国电工仪器仪表标准化技术委员会换届及第四届第一次全体会议暨 2008 第十七届 "国际电磁测量技术、标准、产品研讨会" 论文集. 2008：6-10.

[5] 卜正良，尹项根，涂光瑜. 高压电能表的研制 [J]. 电力系统自动化，2006，30 (19)：89-93.

[6] 胡顺，徐芝贵. 高压电能表的研制进展 [J]. 电测与仪表，2008，45 (1)：1-3，42.

[7] 王珏昕，曹凤田，王乐仁. 非传统互感器的原理与性能分析 [J]. 吉林电力，2010，38 (1)：8-12.

[8] 高鹏，马江泓，杨妮，等. 电子式互感器技术及其发展现状 [J]. 南方电网技术，2009，3 (3)：39-42.

[9] 王乐仁，王珏昕，曹凤田. 非传统互感器的重新定义及应用研究 [J]. 吉林电力，2009，37 (4)：11-13.

[10] 乔峨，安作平，罗承沐. 应用在混合式光电电流互感器中的 Rogowski 线圈 [J]. 变压器，2000，37 (5)：17-22.

[11] 仇文倩，荣潇，荣博，等. 增强绝缘型高压电能表的安全性能分析 [J]. 电测与仪表，2018，55 (16)：119-124，131.

[12] 高少军. 高压电能计量技术在配电网的发展展望 [J]. 电测与仪表，2015，52 (Z1)：214-216，225.

[13] 李静，杨以涵，于文斌，等. 电能计量系统发展综述 [J]. 电力系统保护与控制，2009，37 (11)：130-134.

[14] 张永，罗苏南. 数字式光电电流/电压互感器 [J]. 电力自动化设备，2002，22 (6)：47-49.

[15] 赵玉富，陈卓娅，郭洪. 电子式互感器 [J]. 电测与仪表，2006，43 (6)：28-31.

[16] 郭志忠. 电子式互感器评述 [J]. 电力系统保护与控制，2008，36 (15)：1-5.

[17] 胡伟曦，谭建成. 电子式互感器原理及关键技术综述 [J]. 电气开关，2018，56 (3)：7-12.

[18] 李芙英，陈翔，葛荣尚. 基于 Rogowski 线圈和压频变换的电流测量方法 [J]. 清华大学学报（自然科学版），2000，40（3）：28-31.

[19] 翟小社，王颖，林莘. 基于 Rogowski 线圈电流传感器的研制 [J]. 高压电器，2002，38（3）：19-22，26.

[20] 洪珠琴，金涌涛，刘会金，等. 一种实用的电子式电流互感器研制 [J]. 电测与仪表，2005，42（3）：13-16.

[21] 方春恩，李伟，王军，等. 10kV 低功率电子式电流互感器 LPCT 的研究 [J]. 高压电器，2008，44（4）：312-314，318.

[22] 李芙英，纪昆，臧金奎. 基于 DSP 的光电式电流互感器的实用化设计 [J]. 电网技术，2002，26（6）：46-48，52.

[23] 李红斌，刘延冰，张明明. 电子式电流互感器中的关键技术 [J]. 高电压技术，2004，30（10）：4-6.

[24] 张兵锐，林文华，李芙英. 多功能电子式高压电能表的研究 [J]. 电测与仪表，2003，40（1）：30-32.

[25] 刘欣，杨北革，王健，等. 新型高压电能表的研究 [J]. 电力系统自动化，2004，28（9）：88-91.

[26] 王鹏，杨志良，钟永泰，等. 一种全数字化高压电能计量系统 [J]. 电力系统自动化，2009，33（6）：70-72，76.

[27] 荣博. 贯穿电子式电能表及其降损性能分析 [J]. 电测与仪表，2006，43（1）：25-28.

[28] 荣博，张庆华，王凯文. 变压器专用贯穿电子式电能表 [J]. 农村电气化，2007（4）：58-60.

[29] 荣博，单业才. 变压器与微型传感器的一体化组合 [J]. 变压器，2007，44（10）：4-8，13.

[30] 岳长喜，候兴哲，章述汉，等. 10kV 高压电能计量装置整体校验台的校准 [J]. 电测与仪表，2010，47（Z1）：132-136.

[31] 陈缨，岳长喜，杨勇波，等. 配网高压电能计量装置整体校准技术研究 [J]. 电测与仪表，2017，54（9）：35-39.

[32] 陈海宾，张晓颖，陈丽雯，等. 一种新型一体化高压计量检定装置的研制 [J]. 电测与仪表，2017，54（3）：99-104.

[33] 杨勇波，王海燕，羊静，等. 6kV～35kV 电能计量装置整体检定系统的研制 [J]. 电测与仪表，2016，53（22）：123-128.

[34] 郭琳云，尹项根，张乐平，等. 基于高压电能表的计量装置在线校验技术 [J]. 电力自动化设备，2009，29（12）：79-82.

[35] 冯凌，杨华夏，程瑛颖，等. 基于射频同步技术的高压电能计量装置现场校验仪的设

计 [J]. 电测与仪表，2018，55（10）：132-136.

[36] 宋伟，李顺昕，王思彤，等. 高压计量整体误差现场校验技术研究与应用 [J]. 水电能源科学，2012，30（8）：168-171.

[37] 胡永平，胡顺，徐芝贵. 高压电能表在智能电网中的应用研究 [J]. 水电能源科学，2010，28（9）：142-144，160.

[38] 刘志恒，段雄英，廖敏夫，等. 罗氏线圈电子式电流互感器积分特性研究 [J]. 电力自动化设备，2017，37（3）：191-196.

[39] 张宇. 中压电容分压型电子式电压互感器的频率特性研究 [D]. 武汉：华中科技大学，2017.

[40] RONG B. Sensor-based HV electric energy meter and its application [C] // International Conference & Exhibition on Electricity Distribution. IET，2009.

[41] KANG B，HOU T，BU Z，et al. High-voltage electrical energy meter with measurement chips floating at 10 kV potentials [J]. IET Science Measurement & Technology，2016，10（3）：159-166.

[42] ZHENG Z，GUO J，ZHOU C，et al. Development prospect of high voltage energy measurement technology in power distribution network [C] // International Conference on Smart Grid & Electrical Automation. IEEE Computer Society，2017.

[43] FUSIEK G，NELSON J，NIEWCZAS P，et al. Optical voltage sensor for MV networks [C] // 2017 IEEE SENSORS，2017.

[44] LI Z，DAI Y，WANGQ，et al. Application of high-voltage electrical energy meter in smart grid [C] // 2018 3rd International Conference on Mechanical，Control and Computer Engineering（ICMCCE），2018.

[45] GUO L，YIN X. Research on integral error calibrating system of high-voltage electric energy measurement device [C] // 2007 42nd International Universities Power Engineering Conference，2007.

[46] WANG F，YANG F，LI T，et al. Measuring energy meter of three-phase electricity-stealing defense system [C] // 2011 6th IEEE Conference on Industrial Electronics and Applications，2011.